Mineralien

Entdecken – Bestimmen – Sammeln

EIN
ADAC
BUCH

Mineralien

Entdecken – Bestimmen – Sammeln

Mineralien und Gesteine

Mineralien und Gesteine bestimmen

Ein Wort zuvor

Von jeher übten Mineralien eine große Faszination auf die Menschen aus, insbesondere wenn sie in Form glänzender Kristalle auftreten. Manche stellen, zu funkelnden Edelsteinen geschliffen, große Werte dar, andere sind nur ungemein hübsch anzusehen oder dienen als wichtige industrielle Rohstoffe. Sich mit den Schätzen aus dem Innern der Erde zu beschäftigen und Mineralien auch selbst zu sammeln entdecken immer mehr Menschen als ein höchst interessantes Hobby.

Dieses Buch stellt die häufigsten und bekanntesten Mineralien in Wort und Bild vor. Um bei der verwirrenden Vielfalt der Arten auch dem Laien das Auffinden eines gesuchten Minerals zu erleichtern, wurden die Arten nicht nach chemisch-systematischen Gesichtspunkten in Gruppen eingeteilt, sondern nach ihrer Strichfarbe, einer leicht zu prüfenden und für jedes Mineral charakteristischen Eigenschaft.

Auch ganz »gewöhnliche« Steine sind in diesem Naturführer vertreten, setzen sich doch die Gesteine aus Mineralien zusammen. So werden in einem eigenen Abschnitt die wichtigsten Gesteine dargestellt, nach ihrer Entstehung geordnet.

Wenngleich in den Texten weitgehend auf die Fachsprache der Mineralogen verzichtet wurde, sind doch einige Fachbegriffe zur Beschreibung der Mineralien und Gesteine unumgänglich. Erklärungen dazu sind, neben vielen praktischen Hinweisen für das Bestimmen von Fundstücken, auf den einleitenden Seiten zu finden.

Mineralien und Gesteine

Feinnadelige Rutilkristalle, auf Hämatit aufgewachsen (Brasilien; Größe der Stufe 6 cm)

Die faszinierende Welt der Mineralien

Seit ältester Zeit üben Mineralien einen geheimnisvollen Zauber auf die Menschen aus, die von ihrer Schönheit und ebenmäßigen Gestalt von jeher beeindruckt waren. Doch sind Mineralien keineswegs einfach nur »schöne Steine«. Die Wissenschaft der Mineralogie bestimmt genau, was unter dem Begriff zu verstehen ist.

Was ist ein Mineral?

Ein Mineral ist eine chemische Substanz, die eine einheitliche Zusammensetzung aufweist, eine feste Konsistenz hat und – ganz wichtig – unter natürlichen Bedingungen entstanden ist. Von Menschen hergestellte Gegenstände, seien es Kristallgläser, Schwingquarze oder künstliche Diamanten, sind definitionsgemäß keine Mineralien. Auch Gesteine, die sich aus verschiedenen kleineren oder größeren Mineralienkörnchen zusammensetzen, sind nicht als Mineralien anzusprechen, denn sie erfüllen nicht das Kriterium der Einheitlichkeit.

... und was ein Kristall?

Kristalle sind feste chemische Substanzen, die sich dadurch auszeichnen, dass ihre kleinsten Bausteine, die Atome, nach

Die chemische Formel: Bauplan in Kurzschrift

Die Formel, die für jedes Mineral angegeben ist, beschreibt in einer Art Kurzschrift dessen chemische Zusammensetzung. Die Buchstaben stehen dabei für die verschiedenen chemischen Elemente, etwa P für Phosphor oder Fe für Eisen, die tiefgestellten Zahlen geben den Anteil des jeweiligen Elements im Kristallgitter an. So besteht z. B. Anhydrit ($CaSO_4$) aus 1 Teil Kalzium (Ca), 1 Teil Schwefel (S) und 4 Teilen Sauerstoff (O). Enthält das Kristallgitter zudem Wassermoleküle (H_2O), werden diese am Ende der Formel samt ihrem zahlenmäßigen Verhältnis zu den übrigen Elementen angegeben. Gips etwa hat die Formel $CaSO_4 \cdot 2\,H_2O$.

einem festen Schema angeordnet sind. Man kann es sich wie ein dreidimensionales Gitter mit bestimmter Maschenstruktur vorstellen, dessen Knoten nach einem gleichmäßigen Muster mit den verschiedenen Atomarten besetzt sind. So spricht der Wissenschaftler auch von Kristallgitter, wenn er die innere Struktur eines Kristalls beschreibt.
In der Regel sind Kristalle von geometrischen, ebenen Flächen begrenzt. Sie können natürlich oder künstlich entstanden sein. Nur im ersten Fall handelt es sich zugleich um Mineralien.

Kristallin oder amorph?

Ideal ausgebildete Kristalle kommen in der Natur vergleichsweise selten vor.

Gediegenes Gold (Kalifornien/USA; Höhe der Stufe 11 cm)

Malachit (Namibia; Größe 5 cm)

Fluoritkristalle (Sadisdorf/Sachsen; Kristallgröße bis 7 mm)

Apatit-Räder (Ehrenfriedersdorf/Sachsen; Kristalllänge bis zu 3,5 cm)

Viel öfter treten Exemplare auf, die keine ebenen Flächen haben, weil sie z. B. beim Wachstum behindert wurden oder weil ihnen die Verwitterung die ursprüngliche Form genommen hat. Solche Stücke nennt man kristallin.
Es gibt jedoch auch Mineralien, deren Atome sich nicht in die Regelmäßigkeit eines Kristallgitters fügen. Solche Substanzen bezeichnet man als amorph. Der prachtvolle Opal ist ein Beispiel dafür.
Während Kristalle in jedem Fall kristallin sind, müssen umgekehrt keineswegs alle kristallinen Mineralien auch tatsächlich erkennbare Kristalle ausbilden. Tun sie es nicht, bezeichnet man sie als derb.

Elemente

Die weitaus meisten Mineralien setzen sich aus mehreren verschiedenen chemischen Elementen zusammen. Nur einige wenige stellen Elemente in ihrer Reinform, also in gediegener Form dar. Dazu gehören z. B. Gold, Silber und Kupfer sowie Schwefel. Auch Graphit und Diamant bestehen nur aus einem einzigen Element, nämlich Kohlenstoff, dessen Atome lediglich zu unterschiedlichen Kristallgittern angeordnet sind.

Der intensiv blau gefärbte Azurit hat auch eine blaue Strichfarbe. (Namibia; Kristallgröße 3 cm)

Kennzeichen Strichfarbe

Sich von der Schönheit der Kristalle und bunten Steine einfach faszinieren zu lassen ist eine Sache. Herauszufinden, um welches Mineral es sich bei einem bestimmten Fundstück handelt, ist eine andere. Mineralien machen es einem oft nicht gerade leicht, sie korrekt zu identifizieren, sind doch die meisten in ihrer äußeren Gestalt überaus variabel.

Farbe ist nicht gleich Farbe

Ein charakteristisches und daher für die Bestimmung wichtiges Merkmal eines Minerals ist seine Strichfarbe, kurz auch Strich genannt. So sieht z. B. Columbit unter Umständen ganz ähnlich wie Hämatit aus, doch hat der Erste einen schwarzen, der Zweite einen roten Strich. Die Strichfarbe kann, muss aber nicht mit der augenscheinlichen Farbe des Minerals übereinstimmen. Die äußere Farberscheinung wird häufig durch Spuren von Fremdelementen oder durch Störungen im Kristallgitter verursacht (siehe auch Seite 16/17). Die Strichfarbe hingegen stellt immer die Eigenfarbe des Minerals dar. So kann etwa Fluorit in den verschiedensten Farben auftreten, sein Strich ist jedoch stets weiß.

Weil die Strichfarbe eine Eigenschaft der Mineralien darstellt, die sehr einfach und schnell festzustellen ist, sind die Mineralien in diesem Buch nach ihrer Strich-

Bestimmungshilfe Strichtafel

Um die Strichfarbe eines Minerals erkennen zu können, reibt man es mit einer Ecke über ein weißes, unglasiertes Porzellantäfelchen, eine so genannte Strichtafel, wie man sie im Mineralienhandel für wenig Geld kaufen kann. Ersatzweise eignet sich dafür auch die unglasierte weiße Rückseite einer Kachel oder der Unterrand eines Porzellantellers.

Zur Prüfung der Strichfarbe sollte man stets eine frische Bruchstelle des Minerals verwenden. Oberfläch-

farbe zu Gruppen zusammengefasst. Arten, die härter als $6\frac{1}{2}$ sind, reiben sich auf der Strichtafel nicht ab, sondern hinterlassen nur eine weiße Spur von Tafelmaterial. Der Einfachheit halber sind diese Mineralien zu denen mit tatsächlich weißer Strichfarbe gestellt.

Die Härte

Innerhalb der einzelnen Farbgruppen wurden die Mineralien nach zunehmender Härte geordnet. Auch die Härte stellt eine für jede Mineralart charakteristische Eigenschaft dar, die verhältnismäßig leicht festzustellen ist.
Grundlage der Härtebestimmung ist die Mohssche Härteskala. Sie reicht von 1 bis 10 und entspricht einer Folge von zehn Mineralien, von denen jedes die in der Reihe vor ihm stehenden ritzt. Anfang und Ende der Reihe bilden Talk (Härte 1) und Diamant (Härte 10). Probierstücke der zehn Vergleichsmineralien gibt es als Sets im Handel.
Für eine grobe Bestimmung genügen jedoch auch einfachere Hilfsmittel: Mineralien der Härte 1 und 2 sind mit dem Fingernagel ritzbar, bis zur Härte 5 kann man sie mit dem Taschenmesser ritzen. Mineralien der Härte 6–10 hinterlassen ihrerseits Ritzspuren in einem Stück Fenster- oder Flaschenglas.

liche Verwitterungsschichten oder Oxidationsüberzüge können sonst das Ergebnis verfälschen.

Pyromorphit hat einen weißen Strich. (Sauerland; Größe der Stufe 4 cm)

Auch Rhodochrosit hat einen weißen Strich. (Siegerland; Größe 1,5 cm)

Topase können verschieden gefärbt sein, ihr Strich ist aber stets weiß. (Vogtland/Sachsen; Kristallgröße 1 cm)

Hämatit zeigt eine rote Strichfarbe. (Eisenrose; Badgastein/Österreich; Größe 1,3 cm)

Mineralien untersuchen

Wer ein ihm unbekanntes Mineral bestimmen will, kommt in den meisten Fällen nicht damit aus, es nur zu betrachten. Allzu vielfältig sind die äußeren Erscheinungsformen der meisten Mineralarten. Ohne langjährige Erfahrung mit Mineralien reicht auch die Kenntnis von Strichfarbe, Härte und Fundort des Stücks oft nicht aus, um es sicher identifizieren zu können. Dann kommt man nicht umhin, eine Reihe von weiteren physikalischen und chemischen Eigenschaften des Minerals in Erfahrung zu bringen.

Dichte

Mineralien können leicht oder schwer sein. Vergleichen lassen sich selbstverständlich nur jeweils ungefähr gleich große Stücke. Das Gewicht eines Stücks, bezogen auf seine jeweilige Größe, wird in der Wissenschaft Dichte oder spezifisches Gewicht genannt und hat für jedes Mineral einen charakteristischen Wert, der in Gramm pro Kubikzentimeter (g/cm^3) angegeben wird. Bei einem Mineral mit der Dichte 5,3 wiegt ein würfelförmiges Stück mit 1 cm Kantenlänge genau 5,3 g.

Opal weist einen muscheligen Bruch auf. (Australien; Länge 5 cm)

Zum Abschätzen der Dichte genügt es, das unbekannte Mineralstück in die eine und ein etwa gleich großes Stück eines Minerals mit bekannter Dichte in die andere Hand zu nehmen. Bei sehr kleinen oder sehr großen Brocken funktioniert diese Vergleichsmethode allerdings nicht. In solchen Fällen muss man als Laie auf das Bestimmungsmerkmal Dichte verzichten.

Spaltbarkeit

Zahlreiche Mineralien zerfallen unter einem Hammerschlag in Spaltstücke mit ebenen Flächen. Ob sich ein Mineral spalten lässt und, wenn ja, wie leicht und in welche Teile es dabei zerfällt, hängt von der Struktur seines Kristallgitters ab. Es ist also eine charakteristische Eigenschaft des Minerals und stellt daher eine wichtige Bestimmungshilfe dar. Muskovit z. B. lässt sich leicht in glatte, dünne Plättchen zerlegen, Quarz ist überhaupt nicht spaltbar. Galenit zerspringt in lauter kleine Würfel, Calcit in kleine Rhomboeder – in solchen Fällen heißt es dann, die Spaltbarkeit sei »sehr vollkommen nach dem Würfel« bzw. »nach dem Rhomboeder«.

Bruch

Trennungsflächen, die keine regelmäßigen, glatten Spaltflächen sind, bezeichnet man als Bruch. Solche Bruchflächen können ganz unterschiedlich beschaffen sein, etwa ein muscheliges Aussehen haben wie bei Obsidian oder Opal, uneben wie bei Feldspat sein oder hakig wie bei gediegenem Gold und Silber. Mineralaggregate brechen manchmal auch mit blättrigen Flächen auseinander oder zeigen einen spätigen Bruch, d. h., die Flächen weisen lauter kleine Stufen auf. Um die Oberflächenstruktur von Bruchflächen erkennen zu können, muss man gegebenenfalls eine Lupe verwenden.

Fluoritkristall mit typisch parkettierten Flächen (Tennessee/USA; Kantenlänge 4 cm)

Calcitkristall mit gestreiften Flächen (Indien; Größe 6 cm)

Mild oder spröde?

Auch das Verhalten eines Minerals beim Versuch, es mechanisch zu verformen, lässt oft Rückschlüsse auf seine Identität zu. Ritzt man unter einer Lupe mit einer Stahlnadel über das Mineral und es springen dabei kleine Mineralsplitter weg, ist das Mineral spröde. Bleibt das abgeriebene Pulver neben der Ritzspur liegen, bezeichnet man das Mineral als mild. Erhält man nur eine Ritzspur, ohne dass dabei pulvriges Material erzeugt wird, ist das Mineral schneidbar.

Lässt sich das untersuchte Stück wie Gold zu dünnen Blättchen hämmern, nennt man es geschmeidig.

Blättrige oder faserige Mineralien können sich in kleinen Stückchen als biegsam erweisen, so etwa Gips oder Antimonit. Kehren die verbogenen Kristalle wie z. B. Glimmer wieder in ihre Ausgangsstellung zurück, sind sie elastisch biegsam.

Säureprobe

Manche Mineralien lösen sich in Salzsäure sehr rasch auf. Um dies festzustellen, träufelt man einige Tropfen verdünnte (5- bis 10-prozentige) Salzsäure auf das jeweilige Mineralstück und beobachtet die Stelle (eventuell mit einer Lupe), ob sich winzige Gasbläschen bilden. Ist die Gasentwicklung deutlich oder gar stürmisch wie z. B. bei Calcit, dann »braust« das Mineral.

Glimmer, hier Muskovit, lässt sich sehr leicht spalten. (Bayerischer Wald; Breite 8 cm)

Obsidian mit muscheligem Bruch (Erewan/Armenien; Größe 5 cm)

Galenit zerspringt beim Zerschlagen in lauter kleine Würfel. (Harz; Kristallgröße 2,5 cm)

Stufe mit tönnchenförmigen Pyromorphitkristallen (Bad Ems; Größe rund 5 cm)

Formenvielfalt

Mineralien zeigen viele Erscheinungsformen. Gerade diese Vielfalt ist es, die sie so interessant macht und zugleich den Reiz des Sammelns ausmacht. Sehr wenige Mineralien kommen in nur einer einzigen Ausbildungsform vor, wie z. B. der Agardit, der ausschließlich als Büschel feinster Kristallnadeln auftritt.

Kristallformen

Ungeachtet ihrer Größe, die höchst unterschiedlich ausfallen kann, weisen Kristalle stets regelmäßige, glatte Begrenzungsflächen auf. Darüber hinaus ist ihnen allen eine gewisse Symmetrie zu Eigen. Nach den jeweils zugrunde liegenden Symmetrieverhältnissen haben die Wissenschaftler sämtliche Kristalle in sieben Kristallsysteme eingeteilt, die auf der hinteren Umschlaginnenseite dargestellt sind.

Ein ideal ausgebildeter Kristall stellt in seiner Regelmäßigkeit immer einen geometrischen Körper dar. Zur Beschreibung der Kristalle werden daher unter ande-

Malachit kommt häufig in Form nieriger oder kugeliger Aggregate vor (rechts; Dillenburg; Größe der Stufe 8 cm). Agardit tritt immer als feinnadelige Büschel auf (rechte Seite, Mitte; Erzgebirge; Größe des Aggregats 3 mm). Torbernit bildet häufig dünntafelige Kristalle (rechte Seite, unten; Vogtland; Größe der Kristalle 1 cm).

rem Bezeichnungen verwendet, wie sie aus der Geometrie bekannt sind, z. B. Oktaeder für eine von acht gleichen Flächen begrenzte Doppelpyramide, Rhomboeder für einen Kristall mit sechs rhombenförmigen Flächen oder Skalenoeder für einen Körper, der von zwölf ungleichseitigen Dreiecken begrenzt ist. Prismatische Kristalle haben bei unterschiedlichem Umriss eine parallele Grund- und Deckfläche. Daneben werden jedoch auch Begriffe aus der Alltagssprache zur anschaulichen Beschreibung von Kristallformen herangezogen. So können Kristalle tafelig, nadelig oder säulenförmig ausgebildet sein.

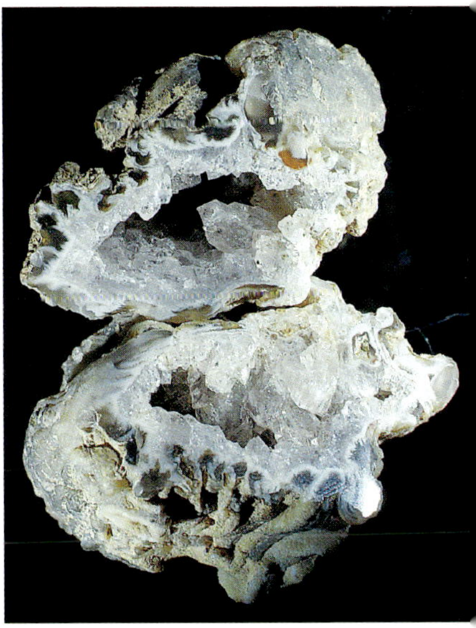

Geöffnete Druse mit Quarzkristallen (Mexiko; Größe 6 cm)

Aggregate

Vergleichsweise selten treten Kristalle einzeln auf. Weitaus häufiger kommt es zur Bildung von Aggregaten, d. h. zu unregelmäßigen Verwachsungen von mehreren Kristallen der gleichen Art. Solche Aggregate können ein sehr unterschiedliches Aussehen haben und sind in ihrer Form keineswegs immer charakteristisch für ein einziges Mineral. Da gibt es kugelige, stängelige und büschelige, blättrige, rosettenförmige und spätige – also fein gestufte –, krustige, körnige und erdige Aggregate. Als nierenförmig oder nierig bezeichnet man Gebilde, die mit ihrer gebuchteten Oberfläche an eine Niere erinnern, traubenförmige Aggregate gleichen Weintrauben. Bei strahligen Aggregaten stehen nadelige Kristalle von einem gemeinsamen Zentrum in alle Richtungen ab, bei radialstrahligen liegen die Strahlen alle flach auf der Unterlage auf. Von Anflug spricht man, wenn feinste Kristalle einer Unterlage aufsitzen, als seien sie hingeweht.

Stufen, Drusen und Geoden

Ein Mineralaggregat mit mehreren Kristallen, die mehr oder weniger einzeln stehen, bezeichnet man als Stufe. Die Kristalle können dabei von der gleichen oder von verschiedenen Mineralarten sein. Wachsen die Kristalle in einem vom Gestein umschlossenen Hohlraum, handelt es sich um eine Druse. Häufig tritt z. B. violetter Amethyst in Drusen auf, aber auch zahlreiche andere Mineralien können in solchen rundlichen Hohlräumen wachsen. Ist der Hohlraum einer Druse ganz mit Mineralsubstanz, z. B. mit Achat, gefüllt, spricht man von einer Geode.

Pyrit zeigt einen starken Metallglanz. (Provinz Hunan/China; Größe des Aggregats 6,5 cm)

Farbe und Glanz

Neben den faszinierend regelmäßigen Formen sind es hauptsächlich die schönen Farben und der Glanz der Kristalle, die Mineralien so attraktiv aussehen lassen. Dabei kann eine Farbe für eine Mineralart charakteristisch sein, etwa Grün für Malachit, Blau für Azurit oder Rot für Cinnabarit, und daher durchaus als ein Erkennungsmerkmal dienen.

Fremdfarbige Mineralien

Andere Mineralien hingegen treten in den verschiedensten Farben auf, manche bilden sogar mehrfarbige Kristalle. Besonders vielfältig in ihrer farblichen Ausbildung sind z. B. Quarz, Fluorit oder Turmalin. Pulverisiert man unterschiedlich gefärbte Stücke eines solches Minerals jedoch, erhält man stets ein weißes Pulver. Die Färbung ist in diesem Fall nämlich nicht eine Eigenschaft des Minerals selbst, sondern wird durch Störungen im Kristallgitter oder Einlagerungen fremder Elemente hervorgerufen. So lassen Spuren von Chrom den farblosen Korund zum wertvollen roten Rubin, den farblosen Beryll zum grünen Smaragd werden. Allgemein nennt man solche Mineralien fremdfarbig, ihre Farbe kann dann nicht als Bestimmungshilfe dienen.

Achtung, Täuschung!

Will man die Farbe eines Minerals feststellen, muss man es bei hellem Licht, vorzugsweise bei Tageslicht ansehen. Am besten betrachtet man eine frische Bruchstelle, denn nicht wenige Mineralien überziehen sich im Lauf der Zeit mit einer oberflächlichen Oxidationsschicht, die eine völlig andere Färbung vortäuschen kann. Derartige Oberflächeneffekte, so genannte Anlauffarben, zeigen in starkem Maß z. B. Bornit oder Chalkopyrit. Gediegenes Silber, aber auch Mineralien, die Silber enthalten wie etwa Pyrargyrit, Akanthit oder Proustit, werden am Licht schwarz, eine Reaktion, die der Schwärzung eines fotografischen Films entspricht.

Das geheimnisvolle Leuchten

Manche Mineralien zeigen, wenn man sie mit ultraviolettem Licht bestrahlt, ein magisch anmutendes Leuchten. Diese Erscheinung, die man Fluoreszenz nennt, tritt bei einigen Mineralarten nur bei Stücken von bestimmten Fundorten auf, für andere Mineralien ist sie arttypisch. So fluoresziert z. B. Autunit unter einer UV-Lampe gelbgrün, Fluorit blauviolett.

Transparenz

Betrachtet man Mineralien im Licht bzw. gegen eine Lichtquelle, offenbart sich neben ihrer Farbigkeit noch eine weitere Eigenschaft: die Transparenz. Man versteht darunter die Art, wie das Licht das Mineral durchdringt. Kann man durch ein dünnes Mineralstück hindurchsehen, nennt man es durchsichtig. Schimmert das Licht nur mehr oder weniger hell hindurch, wenn man das Stück gegen eine Lichtquelle hält, ist das Mineral

Smaragd ist ein grüner Beryll. (Habachtal, Österreich; Größe 2 cm)

Aquamarin ist ein blauer Beryll. (Pakistan; Größe 8 cm)

Roter Beryll (Utah/USA; Größe 2 cm)

Bergkristall glänzt wie Glas. (Nepal; Größe des Kristalls 8,5 cm)

durchscheinend. Dringt das Licht selbst dann nicht durch das Mineral, wenn dieses sehr dünn geschliffen ist, bezeichnet man es als undurchsichtig, wie z. B. Magnetit, Bleiglanz und die Metalle.

Glanzstücke

Undurchsichtig sind insbesondere diejenigen Mineralien, die einen metallischen Glanz zeigen, etwa Pyrit oder gediegenes Gold. Das Licht wird dabei vollständig an der Oberfläche des Minerals reflektiert. Doch auch die anderen Mineralarten haben eine charakteristische Art und Weise zu glänzen, die sowohl von ihrem stofflichen Aufbau als auch von der Struktur der Oberfläche abhängt. Messbar ist Glanz nicht, wohl aber beschreibbar, und zwar durch Vergleich mit verschiedenen allgemein bekannten Substanzen. So gibt es neben Metallglanz auch noch Perlmuttglanz, Seidenglanz, Fettglanz, Pechglanz, Glasglanz und Diamantglanz.
Richtig beurteilen lässt sich Glanz meist nur an frischen Bruchstellen, denn durch Verwitterung und Reaktionen mit dem Sauerstoff der Luft verändern sich die Oberflächen und damit auch der Glanz vieler Mineralien.

Diamant, Brillantschliff

Smaragd, Treppenschliff

Edel- und Schmucksteine

Um als Edelstein zu gelten, muss ein Mineral drei Kriterien erfüllen:
Es sollte mindestens so hart wie Quarz sein. Weichere Mineralien würden allzu leicht verkratzen.
Es muss außerdem möglichst durchsichtig sein und zudem einen starken Glanz und eine hohe Lichtbrechung besitzen. Nur dadurch kann der geschliffene Stein schön funkeln.
Schließlich darf das Mineral nicht in zu großer Menge vorkommen, mit anderen Worten: Es muss Seltenheitswert haben.
Erfüllt ein Mineral nicht alle diese Kriterien, wird aber dennoch zu Schmuck verarbeitet, nennt man es Schmuckstein (früher auch Halbedelstein).

Geschliffen und poliert

Rohe Edel- und Schmucksteine sind oft ziemlich unscheinbar. Erst geschliffen kommen Farbe und Glanz richtig zur Geltung. Durchsichtige Steine werden gewöhnlich facettiert geschliffen, d. h., man verleiht dem Stein regelmäßig angeordnete, ebene Flächen. Undurchsichtige Steine werden in der Regel zu Cabochons geschliffen, das sind gerundete Körper mit ebener Basis.

Azuritmalachit (Malachit mit Azurit verwachsen), rechteckiger Cabochon

Opal, unregelmäßiger Cabochon

Lapislazuli, Cabochon

Goldberyll, Facettenschliff

Jaspis, Cabochon

Türkis, Cabochon

Jade, Cabochon

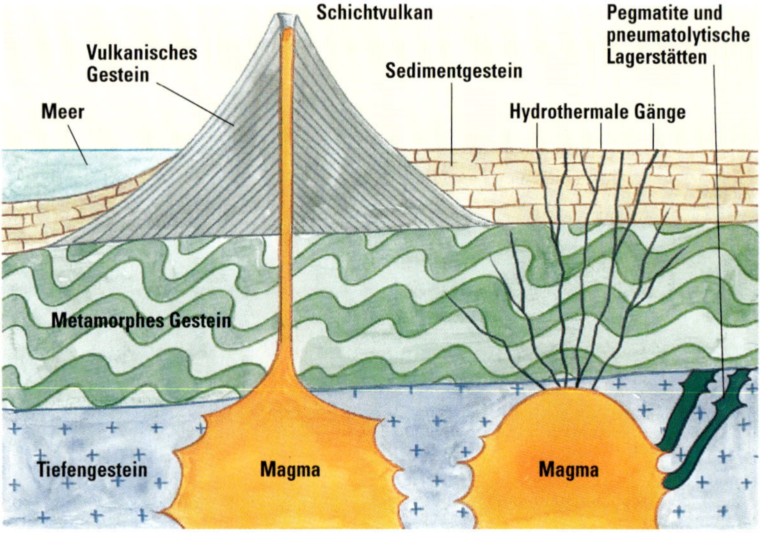

Eine Kenntnis der verschiedenen Lagerstättenarten ist bei der Mineraliensuche hilfreich.

Vorkommen von Mineralien

Wer Mineralien nicht nur beim Händler erwerben, sondern in der Natur suchen will, muss wissen, wo er sie finden kann. Die Vorkommen der verschiedenen Mineralienarten – der Fachmann spricht von Lagerstätten – stehen in einem engen Zusammenhang mit deren Entstehung.

Wie Mineralien entstehen

Viele Mineralien entstehen durch Auskristallisieren aus einer Lösung, aus Dampf oder der glutflüssigen Gesteinsschmelze, dem Magma.
Wenn sich die Druck- und/oder Temperaturverhältnisse drastisch ändern, können sich bereits gebildete Mineralien auch in andere umwandeln. Die auf diese Weise entstandenen neuen Mineralienarten nennt man metamorph.
Schließlich gibt es auch noch Mineralien, die an der Erdoberfläche aus anderen Mineralien durch Reaktionen mit dem Luftsauerstoff, durch Verwitterung, Abtragung und Ablagerung (Sedimentation) entstanden sind.

Mineralgesellschaften

Häufig bilden sich unter bestimmten physikalischen und chemischen Bedingungen an einem Ort nicht nur eine, sondern mehrere Mineralienarten. Solch ein gemeinsames Vorkommen mit anderen Arten kann für ein Mineral charakteristisch sein und daher eine wertvolle Bestimmungshilfe darstellen. Andererseits ist es nahezu unmöglich, Mineralien mit völlig verschiedener Entstehungsart zusammen anzutreffen – auch diese Kenntnis kann für die Bestimmung von Mineralien hilfreich sein. So treten z. B. Galenit und Sphalerit sehr oft miteinander auf, während sich Halit, der bei der Verdunstung von Meerwasser auskristallisiert, und Cyanit, der unter hohem Gesteinsdruck entsteht, gegenseitig ausschließen.

Im Fels verborgen

Als gut ausgebildete Kristalle kommen Mineralien eigentlich nur in Felsen oder sonstigem festen Gestein eingeschlossen vor, entweder direkt in die Gesteinsmasse eingewachsen oder in Hohlräumen auf Gesteinen aufgewachsen.
In Gebieten aus Tiefengestein finden sich fast immer Gänge und linsenförmige Kör-

per, die aus besonders grobkörnigen Gesteinen, den so genannten Pegmatiten, bestehen. Darin sind oft eine ganze Reihe von Mineralien in Form großer Kristalle eingewachsen, etwa Beryll, Topas oder Turmalin.
Wo an der Grenze zwischen Gesteinsschmelze und angrenzendem Gestein Gase aus der Schmelze entwichen und mit hohem Druck in das Nebengestein eingedrungen sind, wurde dieses oft stark verändert, und es bildeten sich pneumatolytische Minerallagerstätten.
Wenn eine Spalte oder ein Riss im Gestein durch Mineralbildungen ausgefüllt wird, entsteht ein Gang. Gewöhnlich kristallisieren Gangmineralien aus mehr oder weniger heißen Lösungen aus, man spricht dann von hydrothermalen Gängen. Einen Spezialfall stellen alpine Klüfte dar, die sich immer senkrecht zur Schieferung des Gesteins auftun. Sie enthalten oft besonders schöne, nicht selten sehr große Kristalle, z. B. von Anatas, Titanit, Rauchquarz oder Bergkristall.

Besondere Bereiche der Lagerstätten

Eine Reihe von Mineralien tritt typischerweise nur in der Oxidationszone von Lagerstätten auf. Das ist der Bereich nahe der Erdoberfläche, der dem Einfluss der Verwitterung ausgesetzt ist, weil Luft und Wasser zutreten können.
Unter der Oxidationszone, etwa auf Höhe des Grundwasserspiegels, liegt die Zementationszone. Hier kommen besonders viele Mineralien vor, die Gold, Silber oder Kupfer enthalten.

Vorkommen in Seifen

Besonders verwitterungsbeständige Mineralien, die sich überdies durch eine hohe Dichte auszeichnen, z. B. Gold, aber auch Granat oder Rutil, können sich an strömungsschwachen Stellen von Flüssen oder Bächen im Flusssand anreichern. Solche Anreicherungen nennt man Seifen. Sie treten manchmal auch am Meeresstrand oder im Brandungsbereich der Küste auf.

Erzgang mit Oxidationsmineralien in einem Bergwerksstollen in Cornwall (Großbritannien)

Erzgang in einem Gesteinsbrocken (Freiberg/Sachsen; Größe des Brockens 50 cm)

Von der Brandung abgeschliffener pegmatitischer Gang mit freigelegten Drusen (Cornwall/Großbritannien; Größe 50 cm)

Gesteine

Gesteine sind es, die die Erdkruste aufbauen und den Landschaften Form und Aussehen geben. Unter einem Gestein ist ein natürlich entstandener Körper zu verstehen, der aus zahllosen Mineralien der gleichen oder unterschiedlicher Arten besteht. Allerdings finden sich von den insgesamt rund 4500 verschiedenen Mineralien nur etwa 25 Arten in nennenswerten Mengen in der Erdkruste.
Ein Gesteinskörper kann mehrere Meter oder auch viele Kilometer groß sein. Seine äußere Gestalt ist stets von der Umgebung bestimmt: Ein Gestein kann einen Berg aufbauen, Zwischenräume zwischen anderen Gesteinen ausfüllen, vom Menschen bearbeitet oder infolge der Verwitterung in kleine Teile zerfallen sein. Seine Bestandteile müssen nicht einmal fest miteinander verbunden sein. Im wissenschaftlichen Sinn zählen auch Kies und Sand zu den Gesteinen.

Der Feinbau von Gesteinen

In den meisten Fällen setzt sich ein Gestein aus verschiedenen Mineralien zusammen, deren Körnchen oder Kristalle ein Gemenge bilden. Je nach dem Volumenanteil der einzelnen Mineralien spricht man von Hauptgemengteilen und Nebengemengteilen.
Die Mineralkörner können so fein sein, dass man sie nur mit der Lupe oder unter dem Mikroskop erkennen kann, sie können aber auch Durchmesser von mehreren Metern erreichen. Befinden sich in einer feinkörnigen Grundmasse größere Kristalle oder Mineralkörner eingebettet, spricht man von Einsprenglingen.
Durch einseitigen Druck richten sich längliche oder blättrige Kristalle, etwa Glimmer, parallel aus: Das Gestein hat dann eine geschieferte Struktur. Eine Schieferung ist charakteristisch für sehr viele metamorphe Gesteine. Geschichtet ist ein Gestein, wenn sich dickere oder dünnere Lagen abwechseln, wie es für Sedimentgesteine typisch ist.

Tiefengestein

Wenn das Magma, die Gesteinsschmelze im Innern der Erde, beim langsamen Aufsteigen erstarrt, bevor es die Erdoberfläche erreicht hat, entsteht Tiefengestein, etwa Granit oder Gabbro. Durch Bewegungen der Erdkruste kann solches Gestein im Lauf von Jahrmillionen auch an die Erdoberfläche gelangen. (Im Bild ein Granitsteinbruch in Kaltrum/Bayerischer Wald.)

Sedimentgestein

Durch Wasser und Wind werden die Gesteine der Erdoberfläche allmählich abgetragen. Wenn die Verwitterungsprodukte, die sich z. B. am Meeresgrund ansammeln, unter Druck geraten, verfestigen sie sich zu Sedimentgestein. Kalkstein und Sandstein sind Beispiele dafür. (Im Bild die eisenreichen Sedimentschichten in den Ockergruben von Roussillon/Frankreich.)

Metamorphes Gestein
Geraten Gesteine durch Überlagerung oder Bewegungen der Erdkruste in größere Tiefen, wo Druck und Temperatur stark ansteigen, verändert sich ihr ursprünglicher Mineralbestand, und es entstehen neue Gesteine, die man metamorph nennt. In diese Gruppe gehören z. B. Gneis, Glimmerschiefer oder Marmor. (Im Bild der berühmte Laaser Marmor aus dem Südtiroler Vintschgau.)

Vulkanisches Gestein
Seinen Anfang nimmt vulkanisches Gestein, das oft auch Ergussgestein genannt wird, als flüssige Lava, d. h. als Magma aus dem Erdinnern, das durch vulkanische Aktivität an die Erdoberfläche gebracht wird und sich dort über andere Gesteine ergießt, bevor es erstarrt. Das verbreitetste vulkanische Gestein ist Basalt. (Im Bild Basaltsäulen des Giant's Causeway in Nordirland.)

Das Gefüge eines Gesteins kann dicht oder porös sein, je nachdem, ob die einzelnen Gemengteile lückenlos aneinander gepresst sind oder Blasenhohlräume zwischen sich einschließen. Ausgesprochen poröse Gesteine sind z. B. vulkanische Gesteine wie Lava oder Bimsstein. Durch rasches Abkühlen und Erstarren der Gesteinsschmelze wurde frei werdendes Gas in Bläschen eingeschlossen. Wenn Schmelzen so schnell abkühlen, dass die Mineralien keine Zeit haben auszukristallisieren, ist das Resultat eine amorphe Masse, die man als Glas bezeichnet, z. B. Obsidian.

Versteinertes Leben
In Sedimentgesteinen finden sich nicht selten Fossilien, versteinerte Reste oder Abdrücke von Tieren und Pflanzen, eingebettet zwischen die Schichten der Gesteinsmasse. Die Hartteile der Organismen können durch chemische Umwandlung selbst mineralisiert worden sein, oder die Tiere haben bei ihrer Zersetzung gleichsam eine Hohlform hinterlassen, die durch Mineralien von außen gefüllt wurde. Fossilien geben Zeugnis, welche Lebewesen zum Zeitpunkt der Sedimentation die Erde bevölkerten.
Weitere Gesteine, die ihren Ursprung in organischem Material haben, sind die Kohlen. Angesammelte Pflanzenmassen, die unter Luftabschluss gerieten und teilweise hohem Druck ausgesetzt waren, wurden über die Jahrmillionen zu Kohle.

Steine, die vom Himmel fallen
In keine irdische Kategorie von Gesteinen lassen sich die kleinen und großen Brocken einordnen, die aus den Weiten des Weltalls auf die Erde treffen. Man nennt sie Meteorite, Meteorsteine oder Aerolithe. Die allermeisten von ihnen sind winzige Kügelchen, die als »kosmischer Staub« praktisch ständig auf die Erde regnen, jedoch schlagen auch große Brocken auf unserem Planeten ein, wenngleich extrem selten. Der größte gefundene Meteorit ging in Namibia nieder und wiegt stattliche 50 Tonnen.

Mineralien und Gesteine bestimmen

In seltenen Fällen kann Chalkanthit auch in Form von blaugrünen Kristallen vorkommen. Die hier gezeigten sind im Original 2–3 mm groß und stammen aus Rumänien.

Arkansas (USA); Höhe des Aggregats 1 cm

Chalkanthit

$CuSO_4 \cdot 5H_2O$ (Kupfer-Sulfat)

Strichfarbe: Hellblau

Dichte: 2,2–2,3

Kristallform: Triklin

Aussehen: Das auch als Kupfervitriol bezeichnete Mineral bildet gewöhnlich nur winzige Kristalle, die kurz prismatisch oder aber tafelig sein können. Meist überzieht es die Gesteinsunterlage in körnigen oder nierigen Krusten. Die durchscheinenden, glänzenden Kristalle zeigen eine intensiv blaue Färbung, die von Himmelblau bis zum grünlichen Blau reicht. Ihre Bruchflächen sind muschelig, eine Spaltbarkeit ist kaum zu erkennen.

Vorkommen: Chalkanthit findet man in den Oxidationszonen von Kupferlagerstätten, oft in Begleitung von Azurit, Chalkopyrit oder Malachit. Hauptsächlich tritt er in den trockenen Regionen der Erde auf.

Besonderes: Das Mineral löst sich in Wasser auf. An der Luft zerfällt es allmählich zu grünlich weißem Staub. Sammlerstücke sollten daher in geschlossenen Gefäßen aufbewahrt werden. Größere Kristalle entstehen in der Natur nur äußerst selten, können aber leicht künstlich hergestellt werden. Beinahe alle im Handel angebotenen Kristallstufen sind solche Fälschungen.

Ähnliche Mineralien: In der Oxidationszone kommt auch der gleichfalls intensiv blaue, aber deutlich härtere Azurit vor. Auch Lirokonit kann sehr ähnlich aussehen, sein Strich ist aber eher grünlich blau.

Bestimmungstipp:
Seine Wasserlöslichkeit unterscheidet den Chalkanthit eindeutig von den ähnlichen Mineralien Azurit und Lirokonit.

Schwarzwald; Länge der Nadeln 1 mm

Linarit

$PbCu[(OH)_2/SO_4]$ (Blei-Kupfer-Sulfat)
Strichfarbe: Hellblau
Dichte: 5,3–5,5
Kristallform: Monoklin
Aussehen: Die glänzenden, dunkelblauen Kristalle sind zumeist prismatisch, seltener tafelig. Sie stehen einzeln oder in Gruppen auf ihrer Unterlage. In anderen Fällen zeigt das Mineral eine erdige Ausprägung oder bildet Krusten, gelegentlich auch Knollen. Bei größeren Kristallen ist zu erkennen, dass Linarit gut spaltbar ist und einen muscheligen Bruch aufweist.
Vorkommen: In der Oxidationszone von Blei- und Kupferlagerstätten ist Linarit weit verbreitet, kommt aber nirgends in größerer Menge vor. Oft findet er sich in Begleitung von Chalkanthit, Galenit, Chalkopyrit, Malachit oder Cerussit. Besonders große Linaritkristalle stammen aus Arizona (USA). Sie sind über 5 cm lang. Benannt wurde das Mineral nach der Stadt Linares in Spanien, wo es zum ersten Mal gefunden wurde.
Besonderes: Hält man Linarit in eine Flamme, so schmilzt er, knistert und färbt sich dann schwarz.

Ähnliche Mineralien: Linarit wird häufig mit Azurit verwechselt. Verdünnte Salzsäure hilft zur Unterscheidung: Im Gegensatz zu Linarit braust Azurit beim Beträufeln auf, verändert sich aber in der Farbe nicht. Auch der wesentlich härtere Lasurit (Lapislazuli) kann, vor allem in körniger Ausprägung, dem Linarit ähneln.

Bestimmungstipp:
Bringt man Linarit in Kontakt mit verdünnter Salzsäure, bildet sich ein weißer Überzug über dem Mineral.

Diese schönen Linaritkristalle aus Cumberland (Großbritannien) sind im Original nur 4 mm groß.

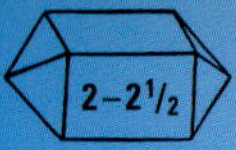

Cornwall (Großbritannien); Kristallgröße bis zu 1,2 cm

Bestimmungstipp: Im Gegensatz zum ähnlichen Chalkanthit löst sich Lirokonit nicht in Wasser.

Lirokonit

$Cu_2Al(AsO_4)(OH)_4 \cdot 4H_2O$ (Kupfer-Aluminium-Arsenat)

Strichfarbe: Blau bis Blaugrün

Dichte: 3,0

Kristallform: Monoklin

Aussehen: Lirokonit zeigt eine blaue bis blaugrüne Färbung und einen schönen Glasglanz. Er bildet entweder Kristalle in Form abgeflachter Doppelpyramiden mit gerieften Flächen oder gerundete, linsenförmige Gebilde, die ihm auch den Namen Linsenerz eingetragen haben. Außerdem tritt er derb und körnig auf. Er besitzt nur eine schlechte, meist nicht erkennbare Spaltbarkeit und zeigt muschelige Bruchflächen.

Vorkommen: Man findet das seltene Mineral in der Oxidationszone von Kupferlagerstätten. Typische Begleitmineralien sind Azurit, Malachit und Chalkopyrit. Wirklich gut ausgebildete Kristalle wurden weltweit bisher nur in den alten Zinn- und Kupfergruben Cornwalls gefunden, die heute alle geschlossen sind. Schöne Lirokonitstufen gehören daher zu den gehüteten Schätzen mineralogischer Sammlungen.

Besonderes: Der Name Lirokonit leitet sich von den griechischen Wörtern *leiros,* d. h. bleich, und *konia,* d. h. Staub, her und weist auf die helle Färbung des pulverisierten Minerals hin.

Ähnliche Mineralien: Der teilweise sehr ähnliche Azurit zeigt ein tieferes Blau. Auch Chrysokoll kann dem Lirokonit gleichen, sein Strich ist aber eher grünlich.

Abgeplattete Doppelpyramiden sind eine typische Kristallform des Lirokonits. Das gezeigte Detail einer Stufe aus Cornwall (Großbritannien) ist in Wirklichkeit nur gut 1 cm breit.

Kanton (China); Größe der Kristalle 6,5 cm

Azurit

$Cu_3[OH/CO_3]_2$ (Kupfer-Karbonat)

Strichfarbe: Blau

Dichte: 3,7 – 3,9

Kristallform: Monoklin

Aussehen: Der tiefblaue, glasig glänzende Azurit, der auch unter dem Namen Kupferlasur bekannt ist, präsentiert sich in unterschiedlichster Gestalt. Seine Kristalle können kurze Säulen oder kleine Tafeln darstellen, vielflächig und oft sehr schön blank sein, aber ebenso zu Krusten oder kugeligen Gruppen zusammengewachsen sein. Auch derb, sei es knollig oder erdig, tritt das Mineral auf. Beim Zerschlagen zeigt es eine vollkommene Spaltbarkeit und muschelige Bruchflächen.

Vorkommen: Azurit ist auf der ganzen Welt verbreitet, und zwar in den Oxidationszonen von Kupferlagerstätten. Meistens kommt er zusammen mit Malachit vor.

Verwendung: Von jeher stellte man aus zerriebenem Azurit blaue Malfarbe her, die jedoch im Lauf der Jahrhunderte grün wurde, weil sich Azurit allmählich in Malachit umwandelt. In begrenztem Maß finden größere Azuritstücke auch als Schmucksteine Verwendung. Allerdings brechen die Kristalle beim Schleifen sehr leicht.

Besonderes: Weil Azurit sich oft in Malachit umwandelt, findet man Kristalle der typischen Azuritform, die malachitgrün sind. Manche Kristalle sind sogar zweifarbig und bestehen aus blauem Azurit und grünem Malachit. Man spricht dann von Azuritmalachit.

Bestimmungstipp:
Seine Farbe sowie das Brausen im Kontakt mit verdünnter Salzsäure unterscheiden Azurit von allen anderen Mineralien.

Gelegentlich bildet Azurit kugelige Aggregate wie diese, die in Brixlegg (Tirol) gefunden wurden und rund 4 mm Durchmesser haben.

Südfrankreich; Länge der Kristallnadeln 6 mm

Bestimmungstipp: Cyanotrichit löst sich in kalter verdünnter Salzsäure auf, ohne jedoch zu brausen.

Cyanotrichit

$Cu_4Al_2[(OH)_{12}/SO_4] \cdot 2H_2O$ (Kupfer-Aluminium-Sulfat)

Strichfarbe: Blassblau

Dichte: 2,7 – 2,9

Kristallform: Orthorhombisch

Aussehen: Das seltene Mineral bildet igelförmige Büschel winziger nadeliger Kristalle in Himmelblau. Die glasig oder seidig glänzenden, kurzen Nadeln können haarfein sein und so dicht zusammenstehen, dass das ganze Gebilde den Eindruck von Samt erweckt. Tatsächlich heißt der Cyanotrichit deshalb mit deutschem Namen auch Kupfersamterz.

Vorkommen: Cyanotrichit entsteht in der Oxidationszone von Kupferlagerstätten. Man findet das seltene Mineral zumeist in Begleitung von Azurit, Malachit oder Smithsonit.

Besonderes: Cyanotrichit löst sich in kalter verdünnter Salzsäure, braust aber nicht auf. Dies ist allerdings kein sicheres Bestimmungsmerkmal, da es auch eine kohlendioxidhaltige Variante, den Karbonat-Cyanotrichit, gibt, der mit kalter verdünnter Salzsäure sehr wohl braust, sich aber sonst vom eigentlichen Cyanotrichit nicht unterscheidet.

Ähnliche Mineralien: Auch Aurichalcit kann hellblaue feine Nadeln bilden. Während Cyanotrichit aber nur in Säuren löslich ist, löst sich Aurichalcit ebenso in Ammoniak auf. Azurit in feinnadeliger Ausprägung ist gewöhnlich um einiges dunkler blau als Cyanotrichit.

Diese samtartig feinen Kügelchen von Cyanotrichit (Durchmesser 1 mm) stammen aus Lavrion in Griechenland.

Afghanistan; Kristallgröße 2 cm

Bestimmungstipp: Typisch für Lasurit sind weiße und goldfarbene Einschlüsse. Sie unterscheiden ihn von gefärbtem Jaspis, der oft als »Deutscher Lapis« angeboten wird.

Lasurit, Lapislazuli

$Na_8[S/(AlSiO_4)_6]$ (Silikat)

Strichfarbe: Kräftiges Blau

Dichte: 2,4

Kristallform: Kubisch

Aussehen: Lasurit ist undurchsichtig und mehr oder weniger intensiv blau gefärbt. Er glänzt glasartig, auf Bruchflächen fettig. Häufig zeigt er weiße Calcit- und/oder goldfarbene Pyriteinschlüsse – deren Vorhandensein ein Hinweis für die Echtheit des Steins ist. Nur selten findet man große, gut ausgebildete Kristalle, zumeist tritt das Mineral in derben Massen auf. Eine Spaltbarkeit ist kaum erkennbar, Bruchflächen sehen muschelig aus.

Vorkommen: Man findet Lasurit in natriumreichen Marmoren eingewachsen.

Verwendung: Seit alters dient Lasurit als Schmuckstein. Gemahlenen Lasurit nutzt man heute wie einst als hochwertige blaue Malfarbe, Ultramarin genannt. Anders als Azurit wird diese außerordentlich teure Farbe im Lauf der Zeit nicht grün.

Besonderes: Nahezu der gesamte hochwertige Lasurit, der zu Schmuck verarbeitet wurde, auch der in der Antike verwendete, stammt aus einer einzigen Lagerstätte, nämlich von Sar-e-Sang in Afghanistan. Dort wird das Mineral seit über 6000 Jahren abgebaut.

Ähnliche Mineralien: Azurit braust im Gegensatz zu Lasurit mit verdünnter Salzsäure und ist deutlich weicher.

Gut ausgebildete Lasuritkristalle kommen äußerst selten vor. Die abgebildeten stammen aus Afghanistan und sind etwa 1 cm groß.

Bräunsdorf (Sachsen); Länge der Büschel 5 mm

Bestimmungstipp: Feine rote Nadelbüschel, die auf Antimonit aufsitzen, können nur Kermesit sein.

Mit seinen haarfeinen Kristallnadeln bildet der seltene Kermesit überaus attraktive Stufen. (Bräunsdorf/Sachsen; Länge der Nadeln 3 cm)

Kermesit

Sb_2S_2O (Antimon-Sulfid)

Strichfarbe: Kirsch- bis Braunrot

Dichte: 4,7

Kristallform: Monoklin

Aussehen: Typischerweise bildet das rote, wie Glas oder gar wie Diamant glänzende und daher auch als Rotspießglanz bezeichnete Mineral Nadeln, die büschelig oder flach sternförmig gruppiert sind. Die einzelnen haarfeinen Nadeln können mehrere Zentimeter lang werden. Sie sind jedoch mit Vorsicht zu behandeln, denn obwohl sie biegsam sind, brechen sie beim Hantieren sehr leicht ab. Bisweilen tritt Kermesit auch als Kruste oder Anflug auf. Seine Bruchflächen sind faserig, eine Spaltbarkeit ist aufgrund der Feinheit der Kristalle kaum erkennbar.

Vorkommen: Kermesit ist wenig verbreitet und kommt nur in geringen Mengen vor. Man findet ihn in der Oxidationszone von Antimonitlagerstätten. In der Regel sitzen die Kristalle auf Antimonit, weil dieser sich unter Beteiligung von Luftsauerstoff in Kermesit umgewandelt hat.

Besonderes: Alte, nur noch selten gebrauchte Namen dieses aparten Minerals sind Antimonblende, Spießglanzblende oder Pyrantimonit.

Ähnliche Mineralien: Auch Erythrin kann rote Nadelbüschel bilden, die jedoch einen deutlichen Stich ins Violette zeigen. In Kombination mit Antimonit ist Kermesit nicht zu verwechseln.

Schneeberg (Sachsen); Größe der Kristallgarbe 3,5 cm

Erythrin, Kobaltblüte

$Co_3(AsO_4)_2 \cdot 8H_2O$ (Kobalt-Arsenat)
Strichfarbe: Rosarot
Dichte: 3,1
Kristallform: Monoklin
Aussehen: Die nadeligen bis schmal tafeligen Kristalle sind rosa- bis purpurrot mit einem Stich ins Violette. Sie haben eine geriefte Oberfläche und zeigen Glasglanz, auf Spaltflächen auch Perlmuttglanz. Gewöhnlich bilden sie blättrige, büschelige oder sternförmige Aggregate. Aber auch derb, nierig, erdig oder als Anflug auf anderen Mineralien tritt Erythrin auf. Beim Zerschlagen erweist sich eine vollkommene Spaltbarkeit, Bruchflächen sind uneben.
Vorkommen: Das durchaus häufige Mineral findet sich in der Oxidationszone von kobaltreichen Erzen, oft gemeinsam mit Annabergit.
Verwendung: Während Erythrin selbst technisch nicht von Bedeutung ist, dient er als sicheres Zeigermineral bei der Suche nach kobalthaltigem Gestein: Kobalterze, die der Verwitterung ausgesetzt sind, überziehen sich rasch mit einer rosafarbenen Kruste.

Ähnliche Mineralien: Die charakteristische Färbung des Erythrins lässt im Grunde keine Verwechslung zu. Kermesit zeigt einen anderen Rotton und hat feinere Kristallnadeln. Flussspat, Quarz oder Turmalin können in ihrer Färbung Erythrin gleichen, treten aber in ganz anderen Erscheinungsformen auf.

Bestimmungstipp:
Erythrin löst sich in verdünnter Salzsäure auf, die Lösung färbt sich rosa.

Besonders gut ausgebildete Erythrinkristalle findet man in Bou Azzer in Marokko. Der hier gezeigte Erythrin ist etwa 1 cm groß.

Bräunsdorf (Sachsen); Länge der Kristalle bis zu 1,3 cm

Miargyrit

$AgSbS_2$ (Silber-Antimon-Sulfid)

Strichfarbe: Kirschrot

Dichte: 5,3

Kristallform: Monoklin

Aussehen: Der undurchsichtige, graue bis schwarze, metallisch glänzende Miargyrit wird mit deutschem Namen auch Silberantimonglanz genannt. Er tritt entweder in kleinen, dicktafeligen, oft vielflächigen Kristallen oder als derbe Masse auf. Das spröde Mineral lässt keine Spaltbarkeit erkennen, sein Bruch ist muschelig.

Vorkommen: Das vergleichsweise seltene Mineral findet sich in hydrothermalen Silbererzgängen, oft zusammen mit Pyrargyrit oder Proustit. Andere typische Begleitmineralien sind Stephanit und Sphalerit. In Deutschland ist neben St. Andreasberg im Harz auch Bräunsdorf bei Freiberg (Sachsen) eine bedeutende Lagerstätte.

Verwendung: Zusammen mit Pyrargyrit, Proustit und Stephanit zählt Miargyrit zu den Silbererzen. Er ist allerdings viel seltener als diese und wird nur zufällig mit ihnen zusammen gewonnen.

Ähnliche Mineralien: Miargyrit könnte man nach Aussehen und Härte mit Stephanit verwechseln, Letzterer hat aber einen schwarzen Strich. Auch Stufen von Proustit oder Pyrargyrit, die infolge von Lichteinwirkung fast schwarz geworden sind, können ähnlich aussehen. Zumindest im Durchlicht lassen sie jedoch gewöhnlich ihre ursprüngliche Rotfärbung noch erkennen.

Miargyritkristalle weisen oft gestreifte oder geriefte Flächen auf. (Bräunsdorf/ Sachsen; Kristalldurchmesser etwa 1 cm)

China; Kristalllänge 2,3 cm

Cinnabarit, Zinnober

HgS (Quecksilber-Sulfid)
Strichfarbe: Kräftiges Rot
Dichte: 8,1
Kristallform: Trigonal
Aussehen: Meist tritt Cinnabarit derb, als körnige bis erdige Masse oder als pulveriger Überzug auf Gestein auf. Gelegentlich bildet er aber auch dicktafelige bis rhomboedrische Kristalle, die jedoch kaum größer als 1 cm werden. Das Mineral zeigt ein intensives Zinnoberrot und Diamantglanz an Kristall- und Spaltflächen, erdige Massen können völlig matt sein. Es hat eine vollkommene Spaltbarkeit und splittrige Bruchflächen.
Vorkommen: Cinnabarit findet sich sowohl in hydrothermalen Gängen als auch in der Oxidationszone von Erzlagerstätten oder an Austrittsstellen von vulkanischen Gasen. Die größte Lagerstätte der Welt ist bis heute Almadén in Spanien, wo bereits die Griechen im 7. Jahrhundert v. Chr. das Mineral förderten. Begleitmineralien sind Pyrit, Markasit, Antimonit und Realgar.
Verwendung: Schon in der Antike diente pulverisierter Cinnabarit zur Herstellung roter Malfarbe. Die Römer waren die Ersten, die aus dem Mineral durch Destillation Quecksilber gewannen. Bis heute ist Cinnabarit das wichtigste Quecksilbererz.

Ähnliche Mineralien: Der ähnlich aussehende Cuprit ist härter als Cinnabarit. Außerdem besitzt Cinnabarit im Gegensatz zu Cuprit eine sehr gute Spaltbarkeit.

Schön ausgebildete Kristalle kommen bei Cinnabarit selten vor. Diese stammen vom Erzberg (Steiermark) und sind 1 cm groß.

Schneeberg (Sachsen); Länge der Kristalle 1 cm

Proustit

Ag_3AsS_3 (Silber-Arsen-Sulfid)

Strichfarbe: Scharlachrot

Dichte: 5,5 – 5,7

Kristallform: Trigonal

Aussehen: Das Mineral, das mit einem alten Namen auch Lichtes Rotgültigerz genannt wird, zeichnet sich durch eine leuchtend rote Färbung aus. Seine prismatischen bis pyramidenförmigen, durchscheinenden Kristalle glänzen diamantähnlich bis metallisch. Häufiger als in Form schöner Kristalle kommt Proustit allerdings derb, körnig oder als Anflug auf einem anderen Mineral vor. Die spröden Kristalle zeigen einen muscheligen Bruch und spalten nach dem Rhomboeder, was jedoch nur selten gut erkennbar ist.

Vorkommen: Typischerweise findet sich Proustit in Silbererzgängen. Oft tritt er in Begleitung von Pyrargyrit, Stephanit, gediegenem Silber oder Rhodochrosit auf.

Verwendung: Proustit zählt zu den so genannten edlen Silbererzen. So bezeichneten die Bergleute Erze mit hohem Silbergehalt, die bevorzugt zur Gewinnung metallischen Silbers herangezogen wurden.

Besonderes: Sammlerstücke sollten vor Licht geschützt aufbewahrt werden, denn Proustit verliert im Licht allmählich den Glanz und färbt sich grau bis schwarz.

Ähnliche Mineralien: Vom ähnlichen Pyrargyrit unterscheidet sich Proustit nicht nur durch seine hellere Färbung, sondern vor allem durch seine hellere Strichfarbe.

Schön ausgebildete Kristalle sind bei Proustit selten. Die hier gezeigten wurden in Niederschlema (Sachsen) gefunden und sind bis zu 2,5 cm lang.

St. Andreasberg (Harz); Länge der Kristalle 1 cm

Pyrargyrit

Ag_3SbS_3 (Silber-Antimon-Sulfid)
Strichfarbe: Kirschrot
Dichte: 5,9
Kristallform: Trigonal
Aussehen: Der auch als Dunkles Rotgültigerz bezeichnete Pyrargyrit erscheint tiefrot bis grauschwarz und hat einen starken metallischen Glanz, ist im Gegenlicht aber durchscheinend rot. Er kommt nicht nur in Form von Kristallen, sondern auch derb, als körniges Aggregat oder als Anflug auf Gestein vor. Die meist säulenförmig ausgebildeten, manchmal gestreiften Kristalle zeigen eine gute Spaltbarkeit und einen muscheligen bis unebenen Bruch.
Vorkommen: Gemeinsam mit Proustit findet sich Pyrargyrit in hydrothermalen Gängen von Blei- und Zinkerzen, häufig zusammen mit Stephanit, Akanthit und gediegenem Silber. Auch mit Dolomit, Quarz oder Calcit ist er oft vergesellschaftet.
Verwendung: Wie Proustit ist auch Pyrargyrit ein edles Silbererz, aus dem metallisches Silber gewonnen wird.
Besonderes: Als Sammler sollte man seine Pyrargyritstücke vor Licht schützen, denn sie färben sich sonst zunehmend schwarz.

Ähnliche Mineralien: Proustit ist in seiner ursprünglichen Färbung heller rot als Pyrargyrit. Wenn er schwarz angelaufen ist, unterscheidet er sich immer noch durch seinen helleren Strich.

Bestimmungstipp:
Auch ganz dunkel angelaufener Pyrargyrit lässt sich identifizieren, wenn man ein winziges Körnchen auf Papier zerdrückt. So erkennt man gut die rote Strichfarbe.

Pyrargyritkristalle kommen ausschließlich aufgewachsen vor. (St. Andreasberg/ Harz; Kristallgröße 1 cm)

Ural (Russland); Größe der Platte 9,5 cm

Bestimmungstipp: Durch seine orangerote Strichfarbe und das Vorkommen zusammen mit anderen Bleimineralien lässt sich Krokoit sicher erkennen.

Die an frischen Safran erinnernde Färbung seines Pulvers gab dem Krokoit seinen Namen: *Krokos* ist das griechische Wort für Safran. (Dundas/Tasmanien; Kristallgröße 1 cm)

Krokoit

$PbCrO_4$ (Blei-Chromat)

Strichfarbe: Orangerot
Dichte: 5,9–6,0
Kristallform: Monoklin
Aussehen: Das bisweilen auch als Rotbleierz bezeichnete, seltene Mineral zeichnet sich durch ein intensives Rot aus, das gelegentlich einen Stich ins Gelbe zeigt. Seine fett- bis diamantartig glänzenden und durchscheinenden Kristalle sind meist nadelig bis prismatisch und tragen eine feine Längsstreifung. Doch kann Krokoit auch derb oder als bloßer Anflug auftreten. Sein Bruch ist uneben bis muschelig.
Vorkommen: Krokoit entsteht hauptsächlich in der Oxidationszone von Bleilagerstätten, wenn dort z. B. Sickerwasser Spuren von Chrom enthält, die aus der Verwitterung des umliegenden Gesteins stammen. Häufige Begleitmineralien sind Cerussit und Pyromorphit.
Besonderes: Bei den ersten chemischen Untersuchungen von Krokoit entdeckte der französische Chemiker Nicolas Vauquelin 1797 das Element Chrom.

Ähnliche Mineralien: Vom Cinnabarit (Zinnober) ebenso wie vom Cuprit, die beide ähnlich gefärbt sind, unterscheidet sich der Krokoit eindeutig durch seine nadelige bis prismatische Kristallform. Der gleichfalls rote Realgar ist merklich weicher als Krokoit, und seine Strichfarbe ist deutlich gelber. Proustit schließlich kommt niemals in der Oxidationszone vor.

Keeweenaw (Michigan/USA); natürliche Größe 3 cm

Kupfer

Cu

Strichfarbe: Kupferrot, metallisch glänzend
Dichte: 8,9
Kristallform: Kubisch
Aussehen: Das Element bildet nur sehr selten Kristalle, die dann als Würfel oder Oktaeder ausgeprägt, meist aber stark verzerrt sind. Überwiegend präsentiert es sich als derbe Masse oder in skelettartigen oder blech- bis drahtartigen Formen. Frische Oberflächen glänzen metallisch, an der Luft laufen sie kupferbraun an.
Vorkommen: Von allen gediegenen Metallen kommt Kupfer in der Natur am häufigsten vor. Gediegenes Kupfer tritt vor allem in der Zementationszone von Kupfererzlagern auf, aber auch in blasenartigen Hohlräumen vulkanischer Gesteine. Typische Begleitmineralien sind Malachit, Cuprit, Azurit und Calcit.
Verwendung: Seit ältester Zeit findet Kupfer zur Herstellung von Gefäßen, Beschlägen und Münzen Verwendung. Sowohl Messing wie auch Bronze sind wichtige und bekannte Kupferlegierungen. Heute benötigt die Elektroindustrie sehr viel Kupfer für elektrische Leitungen. Gediegenes Kupfer ist als Rohstoff allerdings unbedeutend, das industriell verarbeitete Metall stammt durchweg aus Erzen.

Ähnliche Mineralien: Von gediegenem Silber, das in ähnlich bizarren Formen vorkommt, ist Kupfer durch seine typische Färbung zu unterscheiden.

Bestimmungstipp:
Oft ist gediegenes Kupfer dunkel angelaufen. Kratzt man an einer unauffälligen Stelle, kommt aber immer die frische Kupferfarbe zum Vorschein.

Nur selten bildet gediegenes Kupfer regelmäßig ausgeprägte Kristalle. (Michigan/USA; Größe der Kristallwürfel bis zu 4 mm)

Zaire; Größe des Kristalls 5 mm

Bestimmungstipp: Nicht immer, aber häufig trägt Cuprit Überzüge aus grünem Malachit.

Cuprit

Cu_2O (Kupfer-Oxid)

Strichfarbe: Braunrot

Dichte: 6,2

Kristallform: Kubisch

Aussehen: Der tiefrote bis schwarzrote Cuprit wird mit einem alten Bergmannsnamen auch Rotkupfererz genannt. Er kann oktaedrische oder würfelförmige Kristalle bilden, ebenso aber auch körnige Aggregate oder derbe Massen. Tritt er als Büschel haarfeiner Kristalle auf, nennt man ihn **Chalkotrichit**. Die durchscheinenden, diamantartig glänzenden Kristalle zeigen oft auch einen leichten Metallglanz. Cuprit spaltet erkennbar nach dem Oktaeder, Bruchflächen sehen muschelig aus.

Vorkommen: Das Mineral findet sich weit verbreitet in der Oxidationszone von Kupferlagerstätten, typischerweise zusammen mit Malachit. Auch Azurit und gediegenes Kupfer begleiten es oft.

Verwendung: Obwohl Cuprit ein Kupfererz mit sehr hohem Kupfergehalt darstellt, ist es doch nur an wenigen Stellen so angereichert, dass ein Abbau wirtschaftliche Bedeutung hätte.

Besonderes: Cuprit wandelt sich im Lauf der Zeit teilweise oder vollständig in Malachit um.

Ähnliche Mineralien: Bei entsprechender Ausbildung können Zinnober und Hämatit mit Cuprit verwechselt werden. Zinnober hat jedoch eine sehr gute Spaltbarkeit, Hämatit ist deutlich härter als Cuprit.

Bildet Cuprit feine Nadelbüschel, wird er Chalkotrichit genannt. (Cornwall/Großbritannien; Länge der Nadeln 2 mm)

Binntal (Schweiz); Durchmesser der Eisenrose 2 cm

Bestimmungstipp: Enthält Hämatit geringe Verunreinigungen von Titan, ist seine Strichfarbe schwarz.

Hämatit

Fe_2O_3 (Eisen-Oxid)

Strichfarbe: Rot bis Rotbraun

Dichte: 5,2–5,3

Kristallform: Trigonal

Aussehen: Der auch Roteisenstein, Eisenglanz und Blutstein genannte Hämatit hat vielerlei Gesichter: Er kann derb, erdig oder krustig auftreten oder als pyramidale oder tafelige Kristalle. Dünne Plättchen sind oft zu Rosetten, so genannten **Eisenrosen**, angeordnet; kugelige Aggregate mit glatter Oberfläche bezeichnet man als **Roter Glaskopf**. Die Färbung des spröden, muschelig brechenden Minerals reicht von Blutrot über Braunrot bis Grauschwarz, der Glanz kann von matt bis intensiv metallisch variieren.

Vorkommen: Das häufige Mineral findet sich sowohl in metamorphen als auch in Tiefen- und Sedimentgesteinen, ebenso in hydrothermalen Gängen und an Austrittsstellen vulkanischer Gase.

Verwendung: Vor allem Hämatitanreicherungen in Sedimentgestein stellen hochwertiges Eisenerz dar, das in großem Maßstab abgebaut wird. Im Mittelalter schrieb man dem Hämatit magische Kräfte zu und fertigte Amulette, Siegelringe und andere Kleinodien aus ihm. Auch heute wird er noch häufig als Schmuckstein verwendet.

Ähnliche Mineralien: Cuprit, Cinnabarit und Realgar sind deutlich weicher. Magnetit und Ilmenit haben im Gegensatz zum Hämatit einen schwarzen Strich.

Weil sich beim Schleifen die Schleifflüssigkeit durch den Mineralstaub rot färbt, wird Hämatit auch oft Blutstein genannt. (Cumberland/Großbritannien; Breite des Stücks 6 cm)

Rumänien; Größe der Kristalle bis zu 1,2 cm

Realgar

AsS (Arsen-Sulfid)

Strichfarbe: Orangegelb

Dichte: 3,5–3,6

Kristallform: Monoklin

Aussehen: Die zumeist recht kleinen Kristalle können durchscheinend oder undurchsichtig sein. Sie sind tiefrot bis leicht orangerot gefärbt und zeigen einen diamant- bis fettartigen Glanz. Oft bildet das Mineral dichte Aggregate, die schuppig oder kurzstrahlig wirken. Nicht selten ist Realgar auch nur pulverig ausgebildet oder tritt als feiner, roter Belag auf anderen Mineralien auf. Eine Spaltbarkeit ist kaum erkennbar, Bruchflächen sehen muschelig aus.

Vorkommen: Der in der Natur nicht häufige Realgar findet sich in Erzgängen mit arsenhaltigen Erzmineralien, als Abscheidungsprodukt aus heißen Quellen sowie auf Klüften von Ton und Kalkstein. Typisches Begleitmineral ist der Auripigment.

Verwendung: Früher wurde Realgar, der auch unter der Bezeichnung Rauschrot bekannt ist, in pulverisierter Form als Malfarbe genutzt. Heute dient er in begrenztem Maß zur Gewinnung von Arsen für Industriezwecke und zur Herstellung von Feuerwerkskörpern, die leuchtend weiß erstrahlen.

Ähnliche Mineralien: Vom farblich ähnlichen Cinnabarit unterscheidet sich der Realgar durch seine geringere Dichte. Krokoit hat eine andere Strichfarbe.

Mit seinem leuchtenden Rot ist der Realgar kaum zu übersehen. (Rumänien; Breite der Stufe 6 cm)

Peru; Kristallgröße 1 cm

Bestimmungstipp: Wegen der hervorragenden Spaltbarkeit von Auripigment kann man mit einem scharfen Messer hauchdünne Blättchen abheben.

Auripigment

As_2S_3 (Arsen-Sulfid)

Strichfarbe: Hellgelb

Dichte: 3,5

Kristallform: Monoklin

Aussehen: Die Farbe von Auripigment, das auch manchmal noch Rauschgelb genannt wird, reicht von Zitronengelb bis Orangegelb. Das Mineral mit einem deutlichen Fettglanz kann linsenförmig, strahlig, blättrig oder derb auftreten, sehr selten bildet es schöne prismatische Kristalle aus. Seine Spaltbarkeit ist vollkommen, der Bruch blättrig. Dünne Blättchen lassen sich biegen und mit dem Messer schneiden.

Vorkommen: Man findet Auripigment in hydrothermalen Gängen sowie in Tongesteinen. Gewöhnlich tritt er gemeinsam mit Realgar auf.

Verwendung: Jahrhundertelang wurde Auripigment in pulverisierter Form zur Herstellung von Malfarbe verwendet. Sein Name bedeutet übersetzt »goldener Farbstoff«. Heute dient das Mineral in geringem Maß zur Gewinnung von Arsen, das vor allem zur Herstellung von Insektenvernichtungsmitteln gebraucht wird.

Ähnliche Mineralien: Farbe und vollkommene Spaltbarkeit machen Auripigment unverwechselbar. Realgar zeigt, selbst wenn er sich im Sonnenlicht schon weitgehend in den gelben Auripigment umgewandelt hat, immer noch einzelne rote Körnchen und lässt keine Spaltbarkeit erkennen.

Gut erkennbar ist die hervorragende Spaltbarkeit des Auripigments. (Mazedonien; Kristallgröße 5 mm)

Bestimmungstipp:
Im Gegensatz zu allen anderen goldfarbenen Mineralien ist Gold schneidbar.

Kalifornien (USA); Höhe des Aggregats 4 cm

Gold

Au

Strichfarbe: Goldgelb, metallisch glänzend
Dichte: 15,5 – 19,3
Kristallform: Kubisch
Aussehen: Nur selten treten gut ausgebildete Kristalle auf, die dann die Form eines Würfels oder Oktaeders haben. Häufiger kommt Gold als skelettförmige, blech- oder drahtförmige Gebilde oder als mehr oder weniger abgerundete Klumpen, so genannte Nuggets, vor. Das meiste Gold liegt in den Gesteinen als so winzige Teilchen vor, dass man sie mit bloßem Auge kaum sieht. Die leuchtend gelbe, metallisch glänzende Oberfläche des undurchsichtigen Minerals läuft nicht an. Gold zeigt keine Spaltbarkeit und bricht hakig.
Vorkommen: Das edle Mineral findet sich außer in Seifen am Grund von Flüssen und Bächen auch in hydrothermalen Gängen, oft in Begleitung von Quarz, Pyrit, Turmalin oder Fluorit.
Verwendung: Der erste bekannte Goldschmuck datiert zurück in die Jungsteinzeit. Seit dem 7. Jahrhundert v. Chr. wurde Gold zur Münzprägung verwendet. Wegen seiner chemischen Beständigkeit fertigt man aus Gold z. B. Laborgeräte oder elektrische Kontakte. Auch in der Zahnmedizin wird es genutzt.

Ähnliche Mineralien: Pyrit und Chalkopyrit haben im Gegensatz zu Gold einen schwarzen Strich und sind weder schneid- noch dehnbar.

Gold ist zweifellos das Metall, das in der Geschichte der Menschheit die größte Wertschätzung erfahren hat. (Kalifornien/USA; Breite des Aggregats 2 cm)

Lappland (Schweden); Länge der Nadeln 5 mm

Kakoxen

$Fe_4[OH/PO_4]_3 \cdot 12H_2O$ (Eisen-Phosphat)

Strichfarbe: Gelblich bis Weiß

Dichte: 2,3

Kristallform: Hexagonal

Aussehen: Die nadeligen bis haarfeinen, spröden Kristalle sind goldgelb bis gelbbraun gefärbt und zeigen einen Glanz, der an Seide oder Glas erinnert. Oft sitzen sie in kugeligen Büscheln beieinander oder bilden flache sternförmige Aggregate. Auch als faserige oder samtartige Überzüge über andere Mineralien kann man Kakoxen antreffen. Seine Bruchflächen sind faserig, eine Spaltbarkeit ist nicht erkennbar.

Vorkommen: Das seltene Mineral findet sich in phosphathaltigen Pegmatiten sowie in Brauneisenlagerstätten, wo es in Gesteinshohlräumen sitzt. Häufig tritt es zusammen mit Strengit auf.

Besonderes: Der Name des Minerals leitet sich von den griechischen Wörtern *kakos*, schlecht, und *xenos*, der Gast, ab. Das Vorkommen von Kakoxen zeigt nämlich einen hohen Phosphorgehalt des Brauneisenerzes an, der dieses für die Verhüttung ungeeignet macht.

Ähnliche Mineralien: Der gleichfalls nadel- bis haarförmige Kristalle bildende Strunzit ist typischerweise heller gelb und hat einen rein weißen Strich. Oft aber ist er mit einfachen Mitteln nicht von Kakoxen zu unterscheiden, zumal er genau wie dieser in Pegmatiten und Brauneisenlagerstätten vorkommt.

Besonders apart sieht Kakoxen aus, wenn seine Kristallnadeln sternförmig angeordnet sind. (Auerbach/Oberpfalz; Durchmesser der Sterne 2 mm)

Namibia; Größe der Stufe 3,5 cm, Kristallgröße bis zu 9 mm

Descloizit

Pb(Zn,Cu)[OH/VO_4] (Vanadat)

Strichfarbe: Hellbraun

Dichte: 5,5–6,2

Kristallform: Orthorhombisch

Aussehen: Descloizit bildet prismatische, bisweilen auch tafelige oder blättrige Kristalle, die braun, rötlich ockergelb oder schwarzbraun gefärbt sein können, durchscheinend bis undurchsichtig sind und in ihrem Glanz an Harz erinnern. Oft kommt er auch in bizarren Gebilden, krustig oder derb vor. Das spröde Minera zeigt keinerlei Spaltbarkeit, seine Bruchflächen sehen uneben aus.

Vorkommen: Der seltene Descloizit tritt in der Oxidationszone von Erzgängen und Lagerstätten auf. Typische Begleitmineralien sind Vanadinit, Wulfenit, Cerussit und Pyromorphit. Descloizitvorkommen gibt es z. B im Schwarzwald (Schauinsland) sowie in Namibia Sambia und Süddakota (USA).

Verwendung: Industriell wird Descloizit zur Vanadiumgewinnung herangezogen. Vanadium dient unter anderem als Legierungselement für besonders zähen Stah sowie zur Herstellung UV-undurchlässiger Gläser.

Ähnliche Mineralien: Magnetit kann dem Descloizit gleichen, ist aber deutlich härter und hat einen schwarzer Strich. Brauner Kalkspat und auch Smithsonit zeiger im Gegensatz zu Descloizit eine deutliche Spaltbarkei und zudem einen weißen Strich.

Diese blättrig ausgebildeten Descloizitkristalle wurden in Namibia gefunden. (Kristallgröße 1 cm)

Tennessee (USA); Größe der dunkelroten Sphaleritkristalle bis zu 1,3 cm

Sphalerit, Zinkblende

ZnS (Zink-Sulfid)

Strichfarbe: Die eigentliche Strichfarbe ist Weiß. Sie zeigt sich bei farblosen bis hellen Exemplaren. Wenn das Mineral aber durch Eisengehalte gefärbt ist, wird der Strich ockergelb bis braun.

Dichte: 3,9–4,2

Kristallform: Kubisch

Aussehen: Sphalerit ist ein Mineral, das in den unterschiedlichsten Farben auftreten kann, von Gelb über Braun, Rot und Grün bis hin zu Schwarz. Manchmal ist es auch weiß oder farblos. Es zeigt einen leicht metallischen Glanz, ist vollkommen spaltbar und bricht muschelig. Gut ausgebildete, aufgewachsene Kristalle haben die Gestalt von Tetraedern oder Oktaedern. Weitaus öfter kommt Sphalerit aber in derber, strahliger, spätiger oder körniger Form vor.

Vorkommen: Das in der Natur häufige und weit verbreitete Mineral findet sich in Graniten und Gabbros ebenso wie in hydrothermalen Gängen, in sedimentären ebenso wie in metamorphen Lagerstätten. Oft ist es von Pyrit und Galenit begleitet.

Verwendung: Zinkblende ist das wichtigste Zinkerz. Hell gefärbte und durchsichtige Kristalle werden gelegentlich zu facettierten Sammlersteinen geschliffen.

Ähnliche Mineralien: Bleiglanz hat im Gegensatz zu Sphalerit einen schwarzen Strich. Granat ist sehr viel härter, Schwefel sehr viel weicher.

Bestimmungstipp:
Setzt man einem Sphaleritstück verdünnte Salzsäure zu, entwickelt sich gasförmiger Schwefelwasserstoff, der unangenehm nach faulen Eiern riecht.

Die Flächen von Sphaleritkristallen sind häufig gestreift. (Marburg/Hessen; Kristallgröße 1 cm)

Bestimmungstipp:
Mit beginnender Verwitterung wird Manganit allmählich stahlgrau und sein Strich schwarz.

Ilfeld (Harz); Kristallgröße bis zu 1,3 cm

Manganit

MnO(OH) (Mangan-Hydroxid)

Strichfarbe: Dunkelbraun

Dichte: 4,3–4,4

Kristallform: Monoklin

Aussehen: Das spröde, braunschwarze bis schwarze, metallisch glänzende Mineral bildet undurchsichtige, gestreifte, vorwiegend säulenförmige Kristalle, die meist in Bündeln angeordnet sind. Es kann aber auch tafelig, erdig oder derb ausgeprägt sein. Seine Spaltbarkeit ist deutlich erkennbar, Bruchflächen sind uneben.

Vorkommen: Hauptsächlich tritt Manganit in hydrothermalen Gängen mit niedrigen Temperaturen auf. Charakteristische Begleitmineralien sind Pyrolusit und Baryt. Die schönsten und größten Manganitkristalle (über 10 cm Größe) stammen aus dem Harz.

Verwendung: Bereits in der Antike war Manganit bekannt: Er wurde zum Färben von Glasmasse eingesetzt. Heute hat das Mineral als Manganerz große wirtschaftliche Bedeutung, stellt Mangan doch ein wichtiges Legierungsmetall dar und wird überdies in großem Umfang zur Entschwefelung bei der Eisenverhüttung und in der chemischen Industrie gebraucht.

Ähnliche Mineralien: Pyrolusit kann sehr ähnlich aussehen, unterscheidet sich von Manganit aber durch seine rein schwarze Strichfarbe. Der gleichfalls ähnliche Antimonit ist nicht spröde und zudem deutlich weicher als Manganit.

Eine starke Längsstreifung der Kristallflächen ist typisch für Manganit. (Ilfeld/ Harz; Länge des Kristalls 8 cm)

Graul (Sachsen); Breite der Stufe 9 cm

Goethit

FeO(OH) (Eisen-Hydroxid)

Strichfarbe: Braun bis Braungelb
Dichte: 4,3
Kristallform: Orthorhombisch
Aussehen: Der lichtgelbe, braune, rötliche oder schwarzbraune Goethit sieht meist nadelig oder strahlig aus. Nierenförmige Exemplare mit glatter Oberfläche heißen **Brauner Glaskopf**, in erdiger Ausbildung wird er **Limonit** genannt. Das spröde Mineral kann durchscheinend oder undurchsichtig sein. Es zeigt entweder metallischen Glanz oder erscheint matt, sein Bruch ist uneben, die Spaltbarkeit vollkommen, aber nur an Kristallen erkennbar.
Vorkommen: Goethit, ein typisches Mineral der Oxidationszone, ist auf der Erde weit verbreitet und begleitet Erzlagerstätten. Kristalle sind in Blasenhohlräumen vulkanischer Gesteine zu finden.
Verwendung: Die wirtschaftliche Bedeutung des Goethits liegt in seiner Verwendung als Eisenerz.
Besonderes: Ein Mineral, das stets zusammen mit Goethit auftritt, ist der schwarzrote, meist blättrig vorkommende Lepidokrokit. Er hat dieselbe chemische Zusammensetzung wie Goethit, besitzt jedoch eine andere Kristallstruktur. Beide Minerale werden unter der Bezeichnung Brauneisenerz zusammengefasst.

Ähnliche Mineralien: Pyrolusit und Psilomelan unterscheiden sich durch einen deutlich schwarzen Strich.

Bestimmungstipp:
Als Brauner Glaskopf kann Goethit oberflächlich intensiv schwarz aussehen. Seine braune Strichfarbe ist jedoch ein klares Erkennungsmerkmal.

Die nadelförmigen Kristalle des Goethits sind deutlich längs gestreift. (Ukraine; Länge der Nadeln 4 cm)

Wolframit auf Rauchquarz; Aktscha-Tau (Kasachstan); Kristallgröße bis zu 2,2 cm

Bestimmungstipp: Stücke von Wolframit sind wegen der hohen Dichte auffällig schwer.

Wolframit

(Fe, Mn)WO$_4$ *(Eisen-Mangan-Wolframoxid)*

Strichfarbe: Gelbbraun bis Dunkelbraun, manchmal Schwarzbraun

Dichte: 7,1 – 7,5

Kristallform: Monoklin

Aussehen: Meist tritt Wolframit in tafeliger, prismatischer oder nadeliger Ausbildung auf, doch kann er auch spätig oder derb sein. Die Kristalle zeigen einen fettigen Metallglanz und meist eine deutliche Längsstreifung. Ihre Spaltbarkeit ist gut erkennbar, Bruchflächen sind uneben. Gewöhnlich ist Wolframit schwarzbraun gefärbt. Enthält er jedoch in seinem Kristallgitter nur Mangan und kein Eisen, ist er durchscheinend rot und wird als **Hübnerit** bezeichnet. Wolframit, der nur Eisen enthält und dann Ferberit genannt wird, ist dagegen schwarz und undurchsichtig.

Vorkommen: Das häufige Mineral findet sich in Graniten und Pegmatiten sowie in pneumatolytischen Lagerstätten und hydrothermalen Gängen. Typische Begleitmineralien sind z. B. Quarz, Fluorit, Apatit, Arsenopyrit, Rhodochrosit und Turmalin.

Verwendung: Wolframit ist das wichtigste Wolframerz. Das daraus gewonnene metallische Wolfram dient unter anderem zur Herstellung sehr hitzestabilen Stahls sowie von Glühlampenfäden.

Ähnliche Mineralien: Columbit hat im Vergleich zu Wolframit einen deutlich schwarzen Strich.

Wolframit, der nur Mangan und kein Eisen enthält, wird Hübnerit genannt und ist durchscheinend dunkelrot. (Peru; Kristallgröße 1 cm)

Gasteiner Tal (Österreich); Kristallgröße 7 mm

Aeschynit

(Ce,Th,Ca)(Ti,Nb,Ta)$_2$O$_6$ (Metall-Oxid)

Strichfarbe: Gelbbraun

Dichte: 4,9–5,1

Kristallform: Orthorhombisch

Aussehen: Das spröde Mineral bildet tafelige oder prismatische Kristalle oder kommt in derben Massen vor. Aufgewachsene Stücke sind durchscheinend gelblich bis braun und zeigen Glasglanz. Wenn Aeschynit jedoch ins Gestein eingewachsen ist, hat er eine braune bis eisenschwarze Färbung und glänzt wie Pech. Er lässt keine Spaltbarkeit erkennen und bricht muschelig.

Vorkommen: Typischerweise ist Aeschynit in granitischen Pegmatiten vertreten und findet sich in alpinen Klüften. Charakteristische Begleitmineralien sind z. B. Rutil, Anatas und Brookit.

Besonderes: Aeschynit enthält in seinem Kristallgitter verschiedene selten vorkommende chemische Elemente, unter anderem Titan, Niob, Tantal, Cer und Thorium. Je nachdem, welches Element vorherrscht, weist das Mineral unterschiedliche physikalische Eigenschaften auf. Uran und Thorium können – sofern im Aeschynit vorhanden – durch ihre radioaktive Strahlung bewirken, dass das Mineral eine undurchsichtig dunkle Farbe sowie typischen Pechglanz annimmt.

Ähnliche Mineralien: Rutil kann bei entsprechender Ausbildung mit Aeschynit verwechselt werden, doch ist er im Gegensatz zu diesem nie tafelig.

Aufgewachsene Aeschynitkristalle zeigen stets eine gelbe bis braune Färbung. (Gasteiner Tal/Österreich; Kristallgröße 1,5 mm)

Bestimmungstipp: Typische Hornblendekristalle sind sechsseitige Säulen, die jedoch oft in nur drei Flächen enden.

Pakistan; Kristallgröße 2,5 cm

Hornblende

$(Ca,Na,K)_{2-3}(Mg,Fe,Al)_5[(OH,F)_2/(Si,Al)_2Si_6O_{22}]$ (Silikat)

Strichfarbe: Graubraun bis Graugrün

Dichte: 2,9–3,4

Kristallform: Monoklin

Aussehen: Die komplizierte und überaus variable chemische Zusammensetzung des Minerals bedingt, dass seine Erscheinungsformen sehr unterschiedlich sind. Es kann schwarz bis dunkelgrün, durchscheinend oder undurchsichtig, ein- oder aufgewachsen sein und glasigen oder fettigen Glanz zeigen. Es bildet prismatische Kristalle, die typischerweise einen sechseckigen Querschnitt haben und oft in drei Flächen enden, kommt aber auch derb oder als stängelige, faserige oder körnige Aggregate vor. Eine sehr feinfaserige Varietät der Hornblende wird als **Asbest** bezeichnet. Das spröde, uneben brechende Mineral zeigt vollkommene Spaltbarkeit, wobei die Spaltflächen stets in einem Winkel von 120 Grad zueinander stehen.

Vorkommen: Hornblende ist ein überaus weit verbreitetes, gesteinsbildendes Mineral. Außer in Graniten kommt es auch in Basalten und anderen vulkanischen Gesteinen, ebenso in Gneisen und kristallinen Schiefern, ja sogar in Meteoriten vor.

Ähnliche Mineralien: Schwarze, undurchsichtige Turmalinkristalle können recht ähnlich aussehen. Im Gegensatz zur Hornblende ist Turmalin jedoch überhaupt nicht spaltbar.

Eine Varietät mit hohem Eisengehalt, die auf vulkanische Gesteine beschränkt ist, heißt Basaltische Hornblende. (Eifel; Kristallgröße 2 cm)

Rauris (Österreich); Länge der Nadeln 5 mm

Rutil

TiO_2 (Titan-Oxid)

Strichfarbe: Gelbliches Braun

Dichte: 4,2–4,3

Kristallform: Tetragonal

Aussehen: Von Strohgelb über Gelbbraun, Rotbraun und Blutrot bis Schwarz reicht die Farbpalette des Rutils, seine Kristallformen variieren von dicksäulig bis zu haarfeinen Nadeln. Auch derbe Massen oder körnige Aggregate des spröden Minerals sind bekannt. Durchscheinende Stücke zeigen Diamantglanz, während die undurchsichtige schwarze Abart, der **Nigrin**, einen leichten metallischen Glanz aufweist. Die vollkommene Spaltbarkeit des Rutils ist nur an dicken Kristallen erkennbar, Bruchflächen sehen muschelig aus.

Vorkommen: Das weit verbreitete Mineral tritt als Bestandteil sowohl von Tiefen- wie auch von metamorphen Gesteinen sowie in Pegmatiten auf. Außerdem findet man es in hydrothermalen Gängen und in Drusen. Mancherorts hat es sich nach Verwitterung der Muttergesteine auch in Seifen angesammelt.

Verwendung: Neben Ilmenit ist Rutil das ergiebigste Erz zur Gewinnung von metallischem Titan, das zur Stahlveredelung und insbesondere in der Luft- und Raumfahrttechnik eingesetzt wird.

Ähnliche Mineralien: Turmalin ist härter und glänzt nicht so metallisch, Magnetit hat im Gegensatz zum Rutil einen schwarzen Strich.

Bestimmungstipp:
Charakteristisch für Rutil ist die häufige Ausbildung knieförmiger Zwillingskristalle.

Nadelige Rutilkristalle sind manchmal zu wunderschönen Sternen verwachsen. (Brasilien; Durchmesser des Sterns 5 cm)

Bestimmungstipp:
Die Spaltblättchen des Chlorits lassen sich bereits mit dem Fingernagel ritzen.

Val Casaccia (Schweiz); Größe der Rosette 1 cm

Chlorit

(Fe,Mg,Al)$_6$[(OH)$_2$/(Si,Al)$_4$O$_{10}$] (Silikat)

Strichfarbe: Grün, seltener Braun oder Weiß
Dichte: 2,6–3,3, je nach Eisengehalt
Kristallform: Monoklin

Aussehen: Chlorit, in dessen Namen das griechische Wort *chloros,* d. h. grün, steckt, ist fast immer grün gefärbt, gewöhnlich sehr dunkelgrün. Er kristallisiert in durchscheinenden, dickeren oder dünneren, zumeist sechseckigen Tafeln, wobei er gelegentlich auch Rosetten bildet. Häufiger jedoch kommt er als massive schuppige, körnige oder sandige Aggregate vor. Die geschichteten, glasartig, zum Teil perlmuttartig glänzenden Kristalle lassen sich wie Glimmer vollkommen spalten, die einzelnen Spaltblättchen sind biegsam, aber nicht elastisch. Beim Ritzen erweisen sie sich als mild. Auch Bruchflächen haben ein blättriges Aussehen.

Vorkommen: In Chloritschiefer und verschiedenen Sedimenten tritt Chlorit gesteinsbildend auf. Hydrothermal entstandener Chlorit findet sich auf alpinen Klüften in den unterschiedlichsten Gesteinen.

Besonderes: Mineraliensammlern dient Chlorit als so genannter Kluftanzeiger. Ein Chloritband im Fels weist nämlich oft darauf hin, dass sich an dieser Stelle in der Tiefe eine mineralienreiche Kluft befindet.

Ähnliche Mineralien: Glimmer ist härter, und seine Spaltblättchen sind im Gegensatz zu denen des Chlorits elastisch biegsam.

Chloritüberzüge sind typisch für alpine Klüfte. Hier bedeckt graugrüner Chlorit den eigentlich weißen Feldspat. (Tavetsch/Schweiz; Größe der Feldspatstufe 6 cm)

Vogtland (Sachsen); Größe des Aggregats etwa 12 mm

Bestimmungstipp:
Im Gegensatz zum ähnlichen Autunit fluoresziert Torbernit im UV-Licht nicht.

Torbernit

$Cu[UO_2/PO_4]_2 \cdot 8–12H_2O$ (Kupfer-Uran-Phosphat)

Strichfarbe: Grün
Dichte: 3,3–3,7
Kristallform: Tetragonal
Aussehen: Das auch als Kupferuranglimmer bezeichnete Mineral kristallisiert gewöhnlich in dünneren oder dickeren Täfelchen, die vollkommene Spaltbarkeit aufweisen, wie es für Glimmer typisch ist. Daneben kommt es in blättrigen oder schuppigen Aggregaten vor, auch erdige oder krustige Ausbildungen sind nicht selten. Stets zeigt das spröde, uneben brechende Mineral ein intensives Grün. Es glänzt glas- bis perlmuttartig.
Vorkommen: Torbernit ist ein typisches Mineral der Oxidationszonen und tritt vor allem auf Klüften von Graniten auf. Oft wird er begleitet von Autunit, aber auch von Fluorit oder Baryt.
Verwendung: Wirtschaftliche Bedeutung hat Torbernit als Rohstoff zur Gewinnung von Uran.
Besonderes: Aufgrund seines Urangehalts ist Torbernit radioaktiv. Er sollte keinesfalls in Wohn- oder Schlafräumen aufbewahrt werden. Beim Hantieren mit Torbernit sollte man weder essen noch trinken, danach sich unbedingt die Hände waschen. Außerdem ist das Mineral von Kindern strikt fern zu halten.

Ähnliche Mineralien: Autunit bildet ähnliche Kristallplättchen, die aber gelbgrün bis gelb gefärbt sind. Überdies hat er einen weißen Strich.

Die tafeligen Kristalle von Torbernit weisen eine glimmerähnliche Spaltbarkeit auf. (Rudolfstein/Fichtelgebirge; Kristallgröße 5 mm)

Eilat (Israel); Breite 6 cm

Chrysokoll

$CuSiO_3$ (Kupfer-Silikat)

Strichfarbe: Weißliches Grün
Dichte: 2,0–2,2
Kristallform: In den meisten Fällen liegt Chrysokoll als amorphes Mineral vor, d. h., es weist keine innere Kristallstruktur auf.
Aussehen: Typisch für den durchscheinenden bis undurchsichtigen Chrysokoll sind trauben- oder nierenförmige Massen. Auch in Form dünner Überzüge und Krusten kommt er häufig vor. Die Farbe variiert von Grün bis Blau mit allen Zwischenstufen, der Glanz wirkt glasartig oder fettig. Chrysokoll lässt sich nicht spalten, seine Bruchflächen sehen muschelig aus.
Vorkommen: Das Mineral findet sich in der Oxidationszone von Kupferlagerstätten. Nicht selten ist es durchdrungen von Limonit oder Malachit. Auch Cuprit und Azurit sind häufige Begleitmineralien.
Verwendung: Schon in der Antike wurden Schmuckgegenstände aus Chrysokoll gefertigt. Auch heute noch verwendet man ihn gelegentlich für diese Zwecke. Seine Bedeutung als Kupfererz ist nur gering.
Besonderes: Eine Verwachsung von Chrysokoll mit Malachit, wie sie bei Eilat in Israel gefunden wird, trägt den Namen »Eilatstein«. Dieser erfreut sich als Schmuckstein zunehmender Beliebtheit.

Ähnliche Mineralien: Malachit zeigt stets ein reines Grün ohne Blautönung.

Meistens ist Chrysokoll grünblau bis blau getönt, doch kann seine Färbung auch deutlich ins Grüne gehen. (Arizona/USA; Größe 8 cm)

Cornwall (Großbritannien); Länge der Nadeln 1 mm

Olivenit

$Cu_2[OH/AsO_4]$ (Kupfer-Arsenat)
Strichfarbe: Gelbgrün bis Olivgrün
Dichte: 4,3
Kristallform: Orthorhombisch
Aussehen: Meist ist das spröde, wie Glas oder Seide glänzende Mineral olivgrün getönt, was ihm seinen Namen verlieh. Doch auch in Schwarzgrün, Braun oder Weißlich kommt es vor. Seine durchweg kleinen Kristalle können prismatisch bis tafelig sein, aber auch nadelförmig oder haarfein. Oft sind sie in Büscheln angeordnet. Holzartig faserige Aggregate werden Holzkupfererz genannt. Ebenso tritt Olivenit in trauben- oder nierenförmiger Ausbildung oder als erdige Masse auf. Er zeigt keine Spaltbarkeit, Bruchflächen haben eine muschelige Struktur.
Vorkommen: Das relativ seltene Mineral findet sich in der Oxidationszone von Kupferlagerstätten, häufig in Begleitung von Azurit, Malachit und Cornwallit.

Ähnliche Mineralien: Grüner Adamin ist meist viel heller getönt. Seine dunkelgrüne, kupferhaltige Varietät allerdings sieht Olivenit sehr ähnlich. Im Gegensatz zu diesem hat Adamin jedoch einen weißen Strich und lässt sich vollkommen spalten. Strahlige Libethenitaggregate sind mit einfachen Mitteln von Olivenit kaum zu unterscheiden, doch gibt das gemeinsame Vorkommen des Olivenits mit anderen arsenhaltigen Mineralien wie Cornwallit einen Hinweis auf seine Identität.

Bestimmungstipp:
Typisch für den Olivenit sind die nadeligen Kristalle, während ähnlich dunkelgrüner Adamin praktisch nie so feinnadelig ist.

In aufgebrochenen Aggregaten von Olivenit wird deren radialstrahliger Aufbau gut erkennbar. (Cornwall/Großbritannien; Durchmesser der Rosette 2 cm)

Die zarten Kristallbüschel von Agardit sind gewöhnlich nur wenige Millimeter groß. (Lavrion/Griechenland; Länge der Nadeln 1 mm)

Schwarzwald; Größe des Kristallbüschels 5 mm

Agardit

$(SE,Ca)_2Cu_{12}[(OH)_{12}/(AsO_4)_6]\cdot 6H_2O$ (Kupfer-Arsenat)

Strichfarbe: Grünlich

Dichte: 3,6–3,7

Kristallform: Hexagonal

Aussehen: Agardit bildet dichte Büschel winziger nadel- bis haarfeiner Kristalle, die gelblich grün bis bläulich grün gefärbt sind. Sie erweisen sich als spröde, aber nicht spaltbar und zeigen einen glasartigen bis seidigen Glanz.

Vorkommen: Das ziemlich seltene Mineral findet sich in der Oxidationszone von Kupferlagerstätten, beispielsweise in Marokko, in Lavrion (Griechenland) oder auch im Schwarzwald sowie in Sachsen. Typische Begleitmineralien von Agardit sind unter anderem Adamin, Olivenit und Limonit.

Besonderes: Im komplizierten Kristallgitteraufbau des Agardits sind Elemente enthalten, die den so genannten Seltenen Erden (SE) zugerechnet werden. Bei der wissenschaftlich genauen Benennung wird das überwiegende Element der Seltenen Erden an den Namen Agardit angefügt, etwa Agardit-Cer oder Agardit-Lanthan. Allgemein bezeichnet man die Mineralien der Agarditgruppe auch als Chlorotil.

Ähnliche Mineralien: Auch Malachit kann in grünen nadeligen Büscheln auftreten. Im Gegensatz zu Agardit braust Malachit aber auf, wenn man ihn mit verdünnter Salzsäure betupft.

Bestimmungstipp:
Im Vergleich mit dem eher weißlich grünen Olivenit bildet Agardit die feineren Nadeln von beiden und ist stets gelblich grün oder bläulich grün gefärbt.

Portugal; Breite der Stufe 7 cm

Libethenit

$Cu_2[OH/PO_4]$ (Kupfer-Phosphat)
Strichfarbe: Olivgrün
Dichte: 3,8
Kristallform: Orthorhombisch
Aussehen: Die typischerweise kleinen, prismatischen Kristalle, die oft oktaederähnlich erscheinen, sind gewöhnlich einzeln auf anderen Mineralien oder auf dem Gestein aufgewachsen. Doch auch in radialstrahliger, nierenförmiger oder krustiger Ausbildung kann Libethenit auftreten. Seine Farbe variiert von Dunkel- bis Schwarzgrün, die Oberfläche ist häufig schwarz angelaufen. Das spröde, glasartig glänzende Mineral zeigt keine Spaltbarkeit und bricht muschelig.
Vorkommen: Libethenit findet man in der Oxidationszone von Kupferlagerstätten, nicht selten in Begleitung von Pseudomalachit, aber auch von Malachit oder Cuprit.
Besonderes: Benannt ist das Mineral nach dem slowakischen Ort L'ubietová (Libethen), wo es zum ersten Mal gefunden wurde. Insgesamt zählt Libethenit zu den seltenen Mineralien und ist daher als Sammelobjekt bei Mineralienfreunden begehrt.

Ähnliche Mineralien: Olivenit ist bei entsprechender Ausbildung mit einfachen Mitteln kaum von Libethenit zu unterscheiden. Einen Hinweis auf die Identität der Mineralien gibt jedoch deren Vorkommen zusammen mit anderen arsenhaltigen (Olivenit) bzw. phosphorhaltigen (Libethenit) Mineralien.

Bestimmungstipp:
Im Gegensatz zum sehr ähnlichen Olivenit kommt Libethenit zusammen mit anderen phosphorhaltigen Mineralien wie etwa Pseudomalachit vor.

Libethenit bildet gelegentlich schöne oktaederähnliche Kristalle. (Portugal; Kristallgröße bis zu 3,5 mm)

Bestimmungstipp: Malachit braust auf, wenn man ihn mit verdünnter Salzsäure betupft.

Siegerland; Länge der Nadeln 2 cm

Malachit

$Cu_2[(OH)_2/CO_3]$ (Kupfer-Karbonat)

Strichfarbe: Grün

Dichte: 4,0

Kristallform: Monoklin

Aussehen: Wenn Malachit Kristalle bildet, sind diese meist nadelförmig dünn und stehen in mehr oder weniger lockeren oder dichten Büscheln beieinander. Vorwiegend tritt das Mineral aber derb, in nierenförmigen Aggregaten oder erdigen Belägen auf. Es ist durchscheinend bis undurchsichtig, glas- oder seidenartig glänzend, dazu spröde und in Kristallen gut spaltbar. Die Färbung reicht von Hellgrün über intensiv Dunkelgrün bis hin zu Schwarzgrün, wobei sich die verschiedenen Farbvarietäten häufig in feinen Streifen abwechseln.

Vorkommen: Überall, wo kupferhaltige Mineralien vorkommen, ist in der Oxidationszone auch Malachit zu finden, gewöhnlich zusammen mit Azurit und Limonit.

Verwendung: Seit ältester Zeit wird Malachit als Schmuckstein verarbeitet. Die frühen Ägypter verwendeten ihn außerdem in pulverisierter Form auch als Schminke. In der Antike war er als Schmuck ebenso begehrt wie im Mittelalter, wo er als Heil- und Zaubermittel gegen allerlei Unbill und Gebrechen galt.

Ähnliche Mineralien: Andere grüne Mineralien, die man mit Malachit verwechseln könnte, brausen im Gegensatz zu diesem beim Betupfen des Stücks mit verdünnter Salzsäure nicht.

Vor allem nieren- oder traubenförmige Malachitaggregate mit glatter Oberfläche zeigen im Querschnitt oft eine achatartige Bänderung. (Schwaz/Österreich; Breite der Stufe 8 cm)

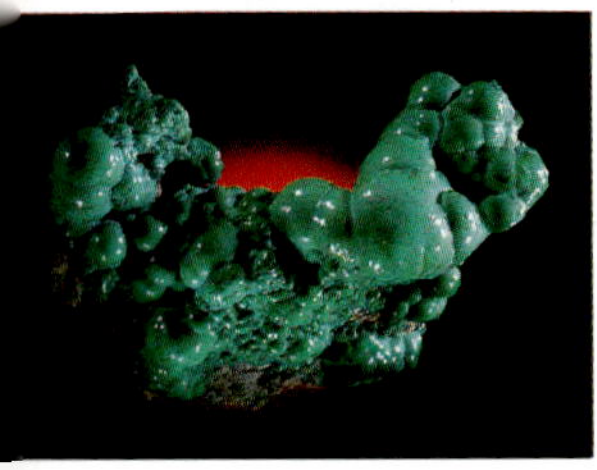

Pseudomalachit auf Quarz; Portugal; Größe der Druse 4 cm

Ebenso wie Malachit tritt auch Pseudomalachit oft als nierenförmige Knollen auf. (Ural/Russland; Breite der Stufe 9 cm)

Pseudomalachit

$Cu_5[(OH)_2/PO_4]_2$ (Kupfer-Phosphat)

Strichfarbe: Grün

Dichte: 4,3

Kristallform: Monoklin

Aussehen: Das Mineral bildet nur selten einzelne Kristalle, die dann zumeist tafelig sind. Gewöhnlich kommt es in Form krustiger, tropfsteinartiger, kugeliger oder nieren- bis traubenförmiger Aggregate vor. Im Innern weisen diese Aggregate eine faserige oder radialstrahlige Struktur auf. Pseudomalachit ist durchscheinend, zeigt eine dunkel- bis schwarzgrüne Färbung und einen glasartigen bis fettigen Glanz. Eine Spaltbarkeit lässt sich nicht erkennen, Bruchflächen haben ein muscheliges Aussehen.

Vorkommen: Wie viele andere kupferhaltige Mineralien findet sich auch der relativ seltene Pseudomalachit in der Oxidationszone von Kupferlagerstätten, meist zusammen mit Malachit und Libethenit. Außer im Ural, in der Slowakei, in Großbritannien (Cornwall) und Portugal gibt es Vorkommen auch in Deutschland.

Verwendung: Gelegentlich wird Pseudomalachit als Schmuckstein verwendet.

Ähnliche Mineralien: Pseudomalachit trägt seinen Namen aufgrund seiner Ähnlichkeit mit Malachit. Durch Betupfen mit verdünnter Salzsäure lassen sich die beiden jedoch auf einfache Weise unterscheiden: Malachit entwickelt Gasbläschen, Pseudomalachit nicht.

Bestimmungstipp:
Pseudomalachit tritt praktisch nie zusammen mit Azurit auf. Bei einem grünen Begleitmineral von Azurit handelt es sich also mit großer Sicherheit um Malachit, nicht um Pseudomalachit.

Cornwallit (dunkelgrün) mit Olivenit (gelbgrün); Cornwall (Großbritannien); Breite der Stufe 2 cm

Bestimmungstipp: Bei einem grünen Mineral, das in Begleitung von Olivenit auftritt, handelt es sich mit Sicherheit um Cornwallit.

Cornwallit kommt meist in kugeligen Aggregaten vor. (Schwarzwald; Größe der Kugeln etwa 2 mm)

Cornwallit

$Cu_5[(OH_2)/AsO_4]_2$ (Kupfer-Arsenat)

Strichfarbe: Grün

Dichte: 4,0–4,1

Kristallform: Monoklin

Aussehen: Das intensiv grüne, glasartig glänzende Mineral bildet vorwiegend kugelige Aggregate mit faseriger oder radialstrahliger Struktur. Ebenso kommt es als Kruste oder in erdiger oder nierenförmiger Ausbildung vor. Das spröde, durchscheinende bis undurchsichtige Mineral lässt keine Spaltbarkeit erkennen und bricht muschelig.

Vorkommen: Der seltene Cornwallit tritt in der Oxidationszone von solchen Kupferlagerstätten auf, in denen ebenso Arsen angereichert ist. Typische Begleitmineralien sind z. B. Olivenit und Agardit. Unter anderem wird er in der Landschaft Cornwall (Großbritannien) gefunden, nach der er auch benannt wurde.

Ähnliche Mineralien: Vor allem bei radialstrahliger Ausbildung kann Cornwallit leicht mit Pseudomalachit verwechselt werden, von dem er mit einfachen Mitteln nicht zu unterscheiden ist. Doch kommt Pseudomalachit nie zusammen mit Olivenit oder Agardit vor. Auch Malachit kann ganz ähnlich aussehen, braust aber beim Betupfen mit verdünnter Salzsäure. Libethenit bildet typische oktaederähnliche bis prismatische Kristalle, die ganz anders als die extrem seltenen frei gewachsenen Kristalle von Cornwallit aussehen.

Kirgistan; Größe der einzelnen Kristalle 1 cm

Bestimmungstipp: Mit einer Lupe kann man an Dioptaskristallen erkennen, dass sie an der Spitze immer drei Endflächen aufweisen. Das unterscheidet sie von allen anderen grünen Mineralien.

Dioptas

$Cu_6[Si_6O_{18}] \cdot 6H_2O$ (Kupfer-Silikat)

Strichfarbe: Grün

Dichte: 3,3

Kristallform: Trigonal

Aussehen: Dioptas bildet durchsichtige bis durchscheinende, vorwiegend prismatische Kristalle, die nach dem Grundrhomboeder spaltbar sind. In seltenen Fällen kommt er auch als derbe Masse vor. Er zeichnet sich durch seine tiefgrüne Färbung und einen intensiven Glasglanz aus. Bruchflächen haben ein muscheliges Aussehen.

Vorkommen: Man findet Dioptas in der Oxidationszone von Kupfererzlagerstätten sowie in Hohlräumen umgebender Gesteine. Meist ist er vergesellschaftet mit Wulfenit, Cerussit, Malachit oder Azurit.

Verwendung: Insbesondere durchscheinende Exemplare, die einen starken Glanz aufweisen, werden gelegentlich zu Schmucksteinen geschliffen. Von Nachteil ist allerdings die vergleichsweise geringe Härte des Minerals, sodass geschliffene Steine, die man häufig in die Hand nimmt, bald »blind« werden.

Besonderes: Sein sattes Grün, das durch den Kupfergehalt hervorgerufen wird, trug dem Dioptas auch den Namen Kupfersmaragd ein.

Ähnliche Mineralien: Der ähnlich gefärbte Malachit hat eine andere Kristallform und braust zudem bei Behandlung mit verdünnter Salzsäure.

Dioptas kann auch eine blaugrüne Färbung haben. (Kirgistan; Größe der Kristalle bis zu 1,5 cm)

Zillertal (Österreich); Kristalllänge bis zu 2,5 cm

Bestimmungstipp: Zerschlägt man Aktinolith, stehen die Spaltflächen zueinander in einem Winkel von etwa 120 Grad.

Aktinolith

$(Ca,Fe)_2(Mg,Fe)_5[OH/Si_4O_{11}]_2$ (Silikat)

Strichfarbe: Grünlich

Dichte: 2,9–3,1

Kristallform: Monoklin

Aussehen: Der hell- bis dunkelgrüne, glasartig glänzende Aktinolith kann mehr oder weniger durchscheinend oder undurchsichtig sein. In seltenen Fällen tritt er auch völlig durchsichtig auf. Er bildet meist stängelige bis nadelige Kristalle, die oft strahlig in das Gestein eingewachsen sind. Daher rührt der deutsche Name Strahlstein für das Mineral. Die Spaltbarkeit ist vollkommen, Bruchflächen sind uneben.

Vorkommen: Als gesteinsbildendes Mineral ist Aktinolith Bestandteil von Talk- und Chloritschiefern sowie von Eklogiten. Auch auf alpinen Klüften findet man ihn.

Verwendung: Vor allem größere, durchsichtige Kristalle, wie sie auf Taiwan, Madagaskar und in Alaska auftreten, werden manchmal zu Schmucksteinen geschliffen.

Besonderes: Durch Spuren von Chrom in der chemischen Zusammensetzung erhält der Aktinolith eine besonders schöne, smaragdgrüne Tönung. Eine derart gefärbte Varietät wird daher Smaragdit genannt. Eine weitere Varietät mit haarfeinen Kristallen, die einen filzigen oder watteartigen Eindruck machen, trägt die Bezeichnung Amiant.

Ähnliche Mineralien: Grüner Turmalin zeigt im Gegensatz zum Aktinolith keine Spaltbarkeit.

Hell- und dunkelgrüne Bereiche wechseln sich bei Aktinolith oft ab. (Habachtal/Österreich; Kristallgröße 1 cm)

Italien; Kristallgröße 1 cm

Augit

$(Ca,Mg,Fe)_2[(Si,Al)_2O_6]$ (Silikat)
Strichfarbe: Grünlich
Dichte: 3,3–3,5
Kristallform: Monoklin
Aussehen: Typischerweise kommt Augit in Form kurzer oder längerer prismatischer Kristalle mit einem achteckigen Umriss vor, die ein- oder aufgewachsen sind. Doch auch in nadeliger, körniger oder derber Ausbildung kann er auftreten. Das dunkelgrüne bis schwarze Mineral ist durchscheinend oder völlig undurchsichtig und glänzt glasartig. Seine Spaltbarkeit ist vollkommen, Bruchflächen zeigen eine muschelige Struktur.
Vorkommen: Bei Augit handelt es sich um ein häufiges, gesteinsbildendes Mineral, das sich hauptsächlich in vulkanischen Gesteinen wie Basalt oder Tuffstein findet. Schön ausgebildete Kristalle stammen etwa vom Kaiserstuhl, aus der Eifel oder der französischen Auvergne. Charakteristische Begleitmineralien sind Hornblende und Olivin.
Besonderes: In seiner chemischen Zusammensetzung variiert Augit beträchtlich: So ist Gewöhnlicher Augit sehr eisenreich, während z. B. Basaltischer Augit in seinem Kristallgitter Titan enthält.

Ähnliche Mineralien: Vor allem Hornblende kann leicht mit Augit verwechselt werden, doch haben Hornblendekristalle einen sechseckigen Querschnitt, und Spaltrisse schneiden sich in einem Winkel von 120 Grad.

Bestimmungstipp:
Augit zeigt beim Zerschlagen Spaltflächen mit Winkeln von 90 Grad.

Augitkristalle sind zumeist kurze Säulen mit achteckigem Umriss. (Eifel; Größe des Kristalls 1 cm)

Bestimmungstipp: Graphit fühlt sich zwischen den Fingern fettig an. Reibt man ihn über Papier, hinterlässt er dunkelgraue Spuren.

Namibia; Kristallgröße 1,5 cm

Graphit

C (Kohlenstoff)

Strichfarbe: Grau, metallisch glänzend

Dichte: 2,1 – 2,3

Kristallform: Hexagonal

Aussehen: Vollkommen ausgebildete, sechskantige, tafelige Graphitkristalle sind überaus selten. Meist bildet Graphit nur eingewachsene Blättchen, erdige oder schuppige Aggregate, Überzüge oder dichte Massen. Das dunkelgraue bis schwarze, milde Mineral zeigt metallischen Glanz, ist vollkommen spaltbar und hat blättrige Bruchflächen. Dünne Blättchen kann man biegen.

Vorkommen: Graphit ist ein häufiges Mineral in Tiefengesteinen, etwa Pegmatiten, ebenso in metamorphen Gesteinen wie kristallinen Schiefern oder Marmoren. Oft tritt er zusammen mit Calcit auf.

Verwendung: Seit Mitte des 16. Jahrhunderts wird Graphit zur Herstellung von Bleistiften herangezogen. Sein Name leitet sich vom griechischen Wort *graphein*, d. h. schreiben, ab. Heute findet er jedoch in ungleich größeren Mengen technische Verwendung in der Metallurgie und Elektrotechnik, auch z. B. als Schmiermittel oder als Neutronenbremse in Kernreaktoren.

Besonderes: Graphit zeigt eine hohe elektrische Leitfähigkeit, ist ausgesprochen säurefest und selbst bei großer Hitze nicht schmelzbar.

Ähnliche Mineralien: Galenit ist im Gegensatz zu Graphit spröde und schreibt nicht auf Papier.

Nur selten bildet Graphit schöne Kristalle aus. (Namibia; Kristallgröße 2 mm)

Sardinien; Kristallgröße 1 cm

Covellin

CuS (Kupfer-Sulfid)
Strichfarbe: Blauschwarz
Dichte: 4,7
Kristallform: Hexagonal
Aussehen: Das schwarzblaue, undurchsichtige Mineral, das oft ein purpurnes Schillern zeigt, kristallisiert in dünnen, sechseckigen Tafeln oder Blättchen mit leichtem metallischem Glanz. Öfter jedoch kommt es in Form derber, erdiger Massen oder krustiger Überzüge, auch feiner Anflüge vor. Es ist mild, lässt sich vollkommen in dünne, biegsame Blättchen spalten und bricht blättrig.
Vorkommen: Charakteristische Fundstätten von Covellin sind hydrothermale Gänge. Weil er ein Umwandlungsprodukt verschiedener anderer Kupfermineralien darstellt, trifft man ihn gewöhnlich als Überzug auf Kupfererzen wie beispielsweise Chalkopyrit, Chalkosin oder Bornit. Auch Pyrit ist ein typisches Begleitmineral von Covellin.
Verwendung: Wo das weltweit recht häufige Mineral in großen Massen vorkommt, stellt es ein wirtschaftlich wichtiges Kupfererz dar.
Besonderes: Im trockenen Zustand erscheint Covellin dunkelblau, benetzt man ihn mit Wasser, verändert sich seine Farbe sogleich zu Violett, mit Öl zu Rot.

Ähnliche Mineralien: Von Bornit und dem überdies andersfarbigen Chalkosin unterscheidet sich der Covellin durch seine Spaltbarkeit.

Bestimmungstipp:
Feuchtet man Covellin mit Wasser an, wird er violett. Beim Trocknen gewinnt er seine schwarzblaue Färbung zurück.

Die indigoblaue Färbung des Covellins trug dem Erzmineral einst den Namen Kupferindig ein. (Größe des Stücks 7 cm)

Rumänien; Länge der Kristalle bis zu 3 cm

Bestimmungstipp: Bei vorsichtiger Handhabung lassen sich Antimonitkristalle verbiegen, ohne zu brechen.

Antimonit

Sb_2S_3 (Antimon-Sulfid)

Strichfarbe: Dunkelgrau

Dichte: 4,6–4,7

Kristallform: Orthorhombisch

Aussehen: Das bleigraue, undurchsichtige Mineral bildet längs geriefte, prismatische bis nadeldünne Kristalle, die meist aufgewachsen und nicht selten verbogen sind. Sie können wie eine wirre Anhäufung von Nägeln aussehen oder wie ein Strahlenbündel, wie ein feiner Haarfilz oder wie eine samtige Kugel. Auch körnige und dichte Massen kommen häufig vor.

Vorkommen: In erster Linie tritt Antimonit in hydrothermalen Gängen auf, besonders in Quarzgängen. Gelegentlich findet er sich auf Blei- und Silbererzgängen, selten auch in Kalkstein. Typische Begleitmineralien sind Quarz, Realgar, Cinnabarit, Arsenopyrit und Gold.

Verwendung: Antimonit, das auch unter den bergmännischen Namen Antimonglanz oder Grauspießglanz bekannt ist, stellt das wichtigste Antimonerz dar. Das daraus gewonnene metallische Antimon wird als Legierungsmetall sowie für die Herstellung von Farben gebraucht. Antimonit selbst diente im Altertum in pulverisierter Form als metallisch glänzende Augenschminke.

Ähnliche Mineralien: Pyrolusit ist deutlich härter als Antimonit; Manganit unterscheidet sich durch einen braunen Strich; Arsenopyrit ist ebenfalls deutlich härter und außerdem nicht biegsam.

Antimonit kristallisiert fast immer in dünnen, längs gestreiften Säulen. (Harz; Länge der Kristalle 3 cm)

Freiberg (Sachsen); Größe der Kristalle bis zu 9 mm

Akanthit, Silberglanz

Ag_2S (Silber-Sulfid)

Strichfarbe: Schwarz, metallisch glänzend

Dichte: 7,3

Kristallform: Der eigentliche Akanthit weist ein monoklines Kristallsystem auf. Bei Temperaturen über 179 °C geht er in eine Hochtemperaturform mit kubischem Kristallsystem über, die man **Argentit** nennt. Die Bezeichnung Silberglanz bezieht sich in der Regel auf beide Arten des Minerals.

Aussehen: Akanthitkristalle können würfelig oder oktaedrisch, nadelig oder lanzettförmig sein. Auch in bizarrer skelettartiger Form, als Drähte oder Plättchen, als Klumpen oder als körnige Masse kommt das Mineral vor. Es ist undurchsichtig, bleigrau und metallisch glänzend. Eine Spaltbarkeit ist meist nur undeutlich erkennbar, Bruchflächen sehen muschelig aus.

Vorkommen: Akanthit tritt in hydrothermalen Silbererzgängen auf, meist zusammen mit gediegenem Silber und Pyrargyrit.

Verwendung: Seit ältester Zeit wird Akanthit als Silbererz genutzt.

Besonderes: Akanthit verliert durch Licht seinen metallischen Glanz und wird schwarz. Sammlerstücke sollten daher stets lichtgeschützt aufbewahrt werden.

Ähnliche Mineralien: Der sehr ähnliche Galenit ist im Gegensatz zu Akanthit weder geschmeidig verformbar noch mit einem Messer ohne weiteres zu schneiden.

Bestimmungstipp:
Akanthit ist überaus geschmeidig, d. h., man kann ihn zu feinen Blättchen hämmern.

Nur frische Kristallflächen des Akanthits zeigen metallischen Glanz. An der Luft laufen sie allmählich matt an. (Freiberg/Sachsen; Höhe der Stufe 6 cm)

Poopó (Bolivien); Länge der Kristalle 3 cm

Bestimmungstipp: Die typischen röhrchenförmigen Gebilde des Kylindrits lassen keine Verwechslung zu.

Kylindrit

$Pb_3Sn_4Sb_2S_{12}$ (Blei-Zinn-Antimon-Sulfid)

Strichfarbe: Grauschwarz

Dichte: 5,4

Kristallform: Noch unbestimmt

Aussehen: Das undurchsichtige, metallisch glänzende Mineral hat eine dunkel bleigraue Farbe. Es bildet zylindrische Aggregate, die auf quer liegenden Bruchflächen konzentrische Schichten, ähnlich einer Papierrolle, aufweisen. Das spröde Mineral zeigt keine Spaltbarkeit, Bruchflächen sind muschelig bis uneben.

Vorkommen: Gefunden wird der seltene Kylindrit in Zinnerzlagerstätten, wo er hydrothermal entstanden ist. Er tritt nur an wenigen Stellen der Erde auf, so z. B. in Bolivien. In der bolivianischen Lagerstätte Poopó war Kylindrit so häufig, dass viele Tonnen zur Verhüttung gebracht wurden, anderswo auf der Welt ist er so selten, dass sich die gefundenen Mengen in Gramm messen lassen. Praktisch alle Kylindritstücke in Sammlungen stammen aus dem einen bolivianischen Vorkommen.

Verwendung: In Bolivien wurde Kylindrit früher als Zinnerz zur Gewinnung metallischen Zinns herangezogen.

Besonderes: Reibt man mit einem Kylindritstück über Papier, hinterlässt es wie Graphit einen grauen Strich.

Ähnliche Mineralien: Ausnahmsweise können auch andere Erzminerale stängelige Kristalle bilden, die auf den ersten Blick dem Kylindrit ähneln. Im Querbruch weisen diese jedoch keinen konzentrischen Aufbau auf.

Brechen die zylindrischen Aggregate von Kylindrit quer durch, wird ihr kreisförmiger Aufbau sichtbar. (Bolivien; Durchmesser des Aggregats 5 mm)

Freiberg (Sachsen); Kristallgröße bis zu 1 cm

Stephanit

Ag_5SbS_4 (Silber-Antimon-Sulfid)
Strichfarbe: Schwarz, glänzend
Dichte: 6,2–6,3
Kristallform: Orthorhombisch
Aussehen: In frischem Zustand glänzt Stephanit metallisch bleigrau bis schwarzgrau, am Licht läuft er bald schwarz an und wird matt. Typischerweise bildet er kurzsäulige, prismatische oder tafelige Kristalle, die oft ausgesprochen vielflächig sind und häufig zu treppen- oder rosettenartigen Gruppen verwachsen sind. Daneben kommt er auch in derben Massen vor. Das milde Mineral zeigt muschelige bis unebene Bruchflächen, eine Spaltbarkeit ist kaum erkennbar.
Vorkommen: Stephanit ist ein typisches Mineral von Silbererzgängen und tritt oft in Gesellschaft von Akanthit, Pyrargyrit und gediegenem Silber auf. Insbesondere in Nevada (USA) sowie in Mexiko wird es in großen Mengen gefunden.
Verwendung: Das insgesamt eher seltene Mineral wird, wo es in größeren Mengen vorkommt, als Silbererz zur Gewinnung des Edelmetalls genutzt.
Besonderes: Um den attraktiven Metallglanz zu erhalten, sollte man Sammlerstücke von Stephanit möglichst lichtgeschützt aufbewahren.

Ähnliche Mineralien: Der seinem Aussehen nach sehr ähnliche Akanthit lässt sich ganz im Gegensatz zum spröden Stephanit geschmeidig verformen.

Bestimmungstipp:
Zerdrückt man ein winziges Körnchen von Stephanit auf Papier, erkennt man sofort die typische glänzend schwarze Strichfarbe.

Stephanitkristalle können zu bizarren Türmchen verwachsen. Freiberg/ Sachsen; Höhe der Kristalle 3 cm)

Rumänien; Größe der Kristalle 1 cm

Bestimmungstipp:
Hessit fühlt sich beim Abwägen in der Hand auffallend massiv und schwer an und lässt sich mit einem Messer schneiden.

Hessit

Ag_2Te (Silber-Tellurid)
Strichfarbe: Grau
Dichte: 8,2–8,4
Kristallform: Monoklin
Aussehen: Bleigraue, metallisch glänzende Kristalle, die leicht bläulich oder schwarz anlaufen, charakterisieren das undurchsichtige Mineral. Sie haben eine würfelige oder prismatische Grundform, sind aber meist stark verzerrt und vielflächig. Auch in derber, feinkörniger oder massiver Ausbildung kommt Hessit vor. Er lässt sich mit dem Messer schneiden, zeigt unebene Bruchflächen und keine Spaltbarkeit.
Vorkommen: Das nach dem aus der Schweiz stammenden Chemiker Germain Henri Hess benannte, sehr seltene Mineral findet sich in hydrothermalen Lagerstätten. Als typische Begleitmineralien treten gediegenes Gold oder Tellur auf.
Verwendung: Hessit dient gleichermaßen als Silber- wie als Tellurerz. Reines Tellur wird zur Herstellung spezieller Metalllegierungen verwendet, die unter anderem zum Bau von Thermoelementen benötigt werden.
Besonderes: Das chemische Element Tellur liegt in der Natur nur in ganz wenigen Erzen gebunden vor. Insgesamt ist es auf der Erde etwa so selten wie Gold.

Ähnliche Mineralien: Akanthit ist von Hessit nur sehr schwer unterscheidbar, Letzterer kommt aber ungleich seltener vor als Akanthit.

Hessitkristalle haben meist eine würfelähnliche Grundform, lang gestreckte Exemplare sind eher selten. (Rumänien; Länge des Kristalls 3 cm)

)stharz; Größe des silbergrauen Kristalls 2 cm

Galenit, Bleiglanz

PbS (Blei-Sulfid)

Strichfarbe: Grauschwarz

Dichte: 7,2–7,6

Kristallform: Kubisch

Aussehen: Der bleigraue, undurchsichtige Galenit weist an frischen Bruchflächen einen starken Metallglanz auf, ist aber oft matt oder blau angelaufen. Er kristallisiert meist in Würfeln oder Oktaedern sowie in Kombinationen aus beiden Formen. Häufig tritt er auch in derben Massen auf. Er spaltet sehr leicht nach dem Würfel, Bruchflächen haben eine spätige Struktur.

Vorkommen: Das weltweit verbreitete und teilweise in enormen Mengen auftretende Mineral findet sich hauptsächlich in hydrothermalen Gängen sowohl hoher wie auch niedriger Temperatur, aber auch in metamorph entstandenen Lagerstätten, von denen die weltgrößten im südlichen Australien liegen.

Verwendung: Mit einem Bleigehalt von fast 87 Prozent ist Galenit mit Abstand das wichtigste Bleierz. Schon in der Antike wussten die Menschen das Blei daraus zu gewinnen. Weil Galenit in der Natur vielerorts nicht unerhebliche Beimengungen von Silber enthält, stellt er zugleich eines der bedeutendsten Silbererze dar, das viel wichtiger als die eigentlichen Silbermineralien ist.

Ähnliche Mineralien: Akanthit sieht ähnlich aus. Im Gegensatz zu diesem kann Galenit aber nicht mit dem Messer geschnitten werden.

Bestimmungstipp:
Galenit ist leicht und vollkommen spaltbar: Durch einen einzigen Hammerschlag zerspringt er oft in lauter kleine Würfelchen.

Häufig sind Galenitkristalle auf anderen Mineralien aufgewachsen wie hier auf Siderit. (Ostharz; Breite der Stufe 5 cm)

Bestimmungstipp:
Da Chalkosin sehr leicht anläuft, ist es zur Identifizierung wichtig, die Oberfläche an einer Stelle abzuschaben, um die eigentliche Farbe des Minerals feststellen zu können.

Kasachstan; Größe der Stufe 6 cm, Kristallgröße bis zu 1 cm

Chalkosin, Kupferglanz

Cu_2S (Kupfer-Sulfid)

Strichfarbe: Dunkelgrau, metallisch glänzend

Dichte: 5,7 – 5,8

Kristallform: Bei Temperaturen unter 103 °C kristallisier Chalkosin mit monokliner, bei höheren Temperature mit hexagonaler Struktur.

Aussehen: Das dunkel bleigraue Mineral zeigt nur a frischen Bruch- und Spaltflächen lebhaften Metallglanz es dunkelt dann rasch nach und wird matt. Typischer weise bildet es tafelige bis prismatische Kristalle, di oft parallel verwachsen sind. Durch Zwillingsbildun entstehen nicht selten sechseckige Formen. Auch al körnige oder erdige Aggregate sowie derb kommt Chal kosin häufig vor. Beim Ritzen erweist er sich als milc eine Spaltbarkeit ist nicht zu erkennen, Bruchfläche sind muschelig bis uneben.

Vorkommen: Chalkosin ist gewöhnlich in hydrotherma len Gängen der Zementationszone zu finden, wo er o zusammen mit anderen Kupfermineralien wie Cupri Chalkopyrit, Bornit oder gediegenem Kupfer auftrit Auch in Pegmatiten wurde er schon gefunden.

Verwendung: Weil Chalkosin nicht nur weltweit ver breitet und in großen Mengen vorkommt, sondern auc zu fast 80 Prozent aus Kupfer besteht, stellt er ein be deutendes Kupfererz dar.

Ähnliche Mineralien: Alle ähnlich aussehenden Mine ralien sind im Gegensatz zum Chalkosin spröde.

Die tafelförmigen Chalkosinkristalle bilden oft interessante Parallelverwachsungen. (Cornwall/ Großbritannien; Breite der Stufe 2 cm)

Freiberg (Sachsen); Größe des Kristalls 1,6 cm

Bestimmungstipp:
Ritzt man Bournonit, springen die losgelösten Teilchen nicht weg, sondern bleiben direkt neben der Ritzspur liegen.

Bournonit

$PbCuSbS_3$ (Blei-Kupfer-Antimon-Sulfid)

Strichfarbe: Grau

Dichte: 5,7–5,9

Kristallform: Orthorhombisch

Aussehen: Bournonit bildet häufig schön entwickelte Kristalle, typischerweise in Form dicker, viereckiger Tafeln mit oft meißelförmig angeschrägten Kanten. Auch zyklische Kristallverwachsungen, die mit ihren gezackten Rändern an Zahnräder erinnern, kommen nicht selten vor. Volkstümlich wurde das Mineral daher auch Rädelerz genannt. Außer den Kristallen treten auch derbe, körnige oder dichte Aggregate auf. Das mäßig spröde Mineral zeigt praktisch keine Spaltbarkeit, Bruchflächen sehen muschelig aus.

Vorkommen: Gefunden wird Bournonit in hydrothermalen Erzgängen, meist in Begleitung von Galenit, Chalkopyrit, Sphalerit und Siderit. Er kann in den Gängen fein verteilt sein oder massive Lager oder Nester bilden. Bedeutende europäische Vorkommen befinden sich vor allem in Cornwall (Großbritannien), aber auch in Böhmen, Kärnten und Neudorf im Harz.

Verwendung: Das weltweit eher seltene Erzmineral wird sowohl zur Gewinnung von Blei wie auch von Kupfer und Antimon verhüttet.

Ähnliche Mineralien: Galenit kann recht ähnlich aussehen wie Bournonit, lässt im Gegensatz zu diesem aber deutlich eine Spaltbarkeit erkennen.

Durch Einwirkungen der Atmosphäre verlieren Bournonitkristalle allmählich ihren Metallglanz. (Westerwald; Größe des Kristalls 2 cm)

Zaire; Kristallgröße 1 cm

Bestimmungstipp: Sein auffällig buntes Anlaufen macht den in der Grundfärbung rötlich silbergrauen Bornit praktisch unverwechselbar.

Bornit, Buntkupferkies

Cu_5FeS_4 (Kupfer-Eisen-Sulfid)

Strichfarbe: Grauschwarz

Dichte: 4,9–5,3

Kristallform: Bei Temperaturen über 228 °C besitzt Bornit ein kubisches Kristallgitter, bei tieferen Temperaturen weist er eine trigonale Struktur auf.

Aussehen: Überwiegend tritt Bornit in derber Form auf, nur selten in deutlich ausgebildeten Kristallen, die dann würfelige Gestalt haben; manchmal sind es auch acht- oder zwölfflächige Körper. Im frischen Bruch zeigt das metallisch glänzende Mineral eine rötlich silbergraue Färbung mit einem Stich ins Violette, doch schon nach wenigen Stunden an feuchter Luft ist die Oberfläche bunt schillernd angelaufen – eine Eigenschaft, die zu den volkstümlichen Namen Buntkupferkies oder auch Pfauenerz führte. Eine Spaltbarkeit ist bei Bornit kaum sichtbar, Bruchflächen sehen muschelig aus.

Vorkommen: In Pegmatiten ist Bornit ebenso zu finden wie in hydrothermalen Erzgängen, besonders in der Zementationszone, und in alpinen Klüften. Größtenteils bildet er Gemenge mit Chalkosin. Andere typische Begleitmineralien sind Chalkopyrit, Magnetit und Gold.

Verwendung: Bornit stellt, gewöhnlich im Gemenge mit Chalkosin, ein wichtiges Kupfererz dar.

Ähnliche Mineralien: Auch Chalkopyrit läuft bunt an, ist im frischen Bruch aber nicht grau wie Bornit, sondern immer messinggelb.

Schön ausgebildete Kristalle wie dieser aus Marokko kommen bei Bornit nur selten vor. (Kristallgröße 5 mm)

Siegerland; Länge der Nadeln 1 cm

Millerit

NiS (Nickel-Sulfid)
Strichfarbe: Grünliches Schwarz
Dichte: 5,3
Kristallform: Trigonal
Aussehen: Charakteristisch für das spröde Mineral sind stängelige bis haarfeine Kristallnadeln, weshalb es mit deutschem Namen auch Haarkies genannt wird. In Drusen stehen die bis zu 8 cm langen Nadeln meist in Büscheln beieinander, sie können aber auch fächerförmige Überzüge oder wirre Häufchen darstellen. Gelegentlich bildet Millerit auch derbe Massen oder feinfaserige oder körnige Aggregate. Er hat eine helle Messingfarbe und glänzt metallisch. Bruchflächen sehen uneben aus, die Spaltbarkeit des Minerals ist vollkommen, allerdings wegen der feinnadeligen Ausbildung der Kristalle praktisch nicht zu erkennen.
Vorkommen: Millerit kommt an den unterschiedlichsten Fundstätten vor, jedoch nirgendwo in großer Menge. So tritt er in Nickellagerstätten als Zersetzungsprodukt anderer nickelhaltiger Mineralien auf. Er findet sich außerdem in Schiefer- und Tongesteinen, in Kalksteinhohlräumen sowie auf Kohleflözen, wo er sich oft in Gesellschaft von Pyrit, Chalkopyrit, Galenit oder Sphalerit befindet.
Verwendung: Millerit gilt als Nickelerz, wenngleich er wegen seines geringen Vorkommens als solches ohne große wirtschaftliche Bedeutung ist. Er wird nur mit anderen Nickelerzen zusammen gewonnen.

Bestimmungstipp:
Die charakteristische nadelige Ausbildung und die messinggelbe Farbe des Minerals lassen keine Verwechslung zu.

Büschel oder Bündel feiner, messinggelb glänzender Kristallnadeln sind typisch für Millerit. (Siegerland; Länge der Nadeln 1 cm)

Bestimmungstipp: Während der ähnliche Pyrit bei der Strichprüfung einen dünnen, scharfen Strich hinterlässt, ist dieser bei Chalkopyrit immer dick und glänzend.

Siegerland; Kristallgröße 2 cm

Chalkopyrit, Kupferkies

$CuFeS_2$ (Kupfer-Eisen-Sulfid)
Strichfarbe: Grünliches Schwarz
Dichte: 4,2–4,3
Kristallform: Tetragonal
Aussehen: Die eigentliche Farbe des Chalkopyrits ist ein sattes Messing- bis Goldgelb mit einem Stich ins Grüne; oft ist das Mineral aber bunt angelaufen. Die meist nur kleinen, dabei aber gut ausgebildeten vielflächigen Kristalle sind gewöhnlich rundlich oder keilförmig und haben gestreifte Flächen. Häufiger tritt das Mineral in derber Form auf, als dichte Masse oder als Anflug, gelegentlich auch trauben- oder nierenförmig.
Vorkommen: Das häufige und weit verbreitete Mineral kommt in fast allen Erzgängen vor, die durch magmatische oder hydrothermale Prozesse entstanden sind. Auch sedimentärer Chalkopyrit ist bekannt. Er lagert unter anderem in den Kupferschiefern von Mansfeld in Sachsen-Anhalt. Oft treten Verwachsungen von Chalkopyrit mit Sphalerit auf, auch Pyrit und Flussspat sind typische Begleiter.
Verwendung: Schon im Altertum wurde Kupfer aus Chalkopyrit gewonnen, heute stellt er das wichtigste Kupfererz überhaupt dar.

Ähnliche Mineralien: Nicht angelaufener Chalkopyrit ist ebenso gelb glänzend wie Pyrit, doch lässt sich Chalkopyrit im Gegensatz zu dem deutlich härteren Pyrit mit einem Messer ritzen.

Nicht der Verwitterung ausgesetzter Chalkopyrit zeigt einen schönen messingartigen Glanz. (Cornwall/Großbritannien; Breite der Stufe 6 cm)

Griechenland; Größe der Aggregate bis zu 1,6 cm

Arsen

As

Strichfarbe: Schwarz

Dichte: 5,4–5,9

Kristallform: Trigonal

Aussehen: Die seltenen Kristalle des Arsens haben würfelige, säulenförmige oder tafelige Gestalt. Gewöhnlich tritt das spröde Mineral jedoch in Form dichter, kugeliger oder geschichteter, oft nierenförmiger Gebilde auf. Weil sich nicht selten einzelne becherförmig gekrümmte Schalen davon abheben lassen, wurde es mit deutschem Namen auch Scherbenkobalt genannt. An frischen Bruchflächen ist Arsen silbrig glänzend, doch wird es rasch schwarz und matt.

Vorkommen: Gediegenes Arsen findet sich hauptsächlich in hydrothermalen Gängen, wo es insbesondere Silber-, Kobalt- und Nickelerze begleitet.

Verwendung: Arsen kommt bei der Herstellung von Insektenvernichtungsmitteln sowie in der Pharmaindustrie und als Legierungsmetall zum Einsatz.

Besonderes: Die Oberfläche von Arsen überzieht sich an der Luft mit einer dünnen Schicht Arsenik, das hochgiftig ist. Deshalb sollte man sich nach dem Hantieren mit Arsen immer die Hände waschen und das Mineral von Kindern fern halten.

Ähnliche Mineralien: Nierenförmig ausgebildeter Pyrit und Markasit sind deutlich härter als Arsen; Goethit weist einen braunen Strich auf.

Bestimmungstipp: Bricht man ein Stückchen Arsen ab, sieht man die hellsilbrige Farbe des hochgiftigen Minerals. Nach wenigen Stunden ist die Bruchfläche wieder schwarz.

An Luft verliert gediegenes Arsen sehr rasch seinen metallischen Glanz. (Tschechische Republik; Höhe der Aggregate 2 cm)

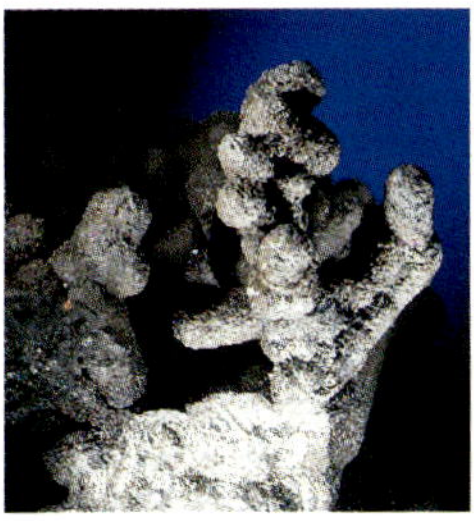

Eisen in Basalt; Sibirien; Größe des Gesteinsstücks 9 cm

Bestimmungstipp:
Eisen ist magnetisch. Es wird daher von Magneten angezogen und lenkt die Kompassnadel ab.

Eisen

Fe

Strichfarbe: Stahlgrau, glänzend
Dichte: 7,9
Kristallform: Kubisch
Aussehen: Gediegenes Eisen hat gewöhnlich die Gestalt von Schüppchen, Tröpfchen oder unregelmäßigen Körnchen, die in Gestein eingebacken sind. Kristallbildungen sind aus der Natur unbekannt. Das Mineral zeigt keine Spaltbarkeit, es bricht hakig.
Vorkommen: Eisen bildet sich z. B., wenn basaltisches Magma beim Aufsteigen aus dem Erdinnern Kohleschichten durchdringt. Ansehnliche Eisennester in Basalt kommen unter anderem in Bühl bei Kassel vor. Den Größenrekord stellen bisher Eisenblöcke von 25 t Gewicht dar, die in grönländischem Basalt gefunden wurden. Insgesamt stammt jedoch weit mehr gediegenes Eisen von Meteoriten, also aus dem Weltall.
Verwendung: Gediegen vorkommendes Eisen ist viel zu selten, als dass es wirtschaftliche Bedeutung hätte. Das industriell verarbeitete Eisen wird ausschließlich durch Erzverhüttung gewonnen.
Besonderes: Meteoritisches Eisen enthält stets mehr oder weniger hohe Beimengungen von Nickel.

Ähnliche Mineralien: Von ähnlich aussehenden Metallstücken lassen sich Eisenkörnchen am leichtesten durch ihren Magnetismus unterscheiden. Silber ist zudem viel weicher.

Gediegenes Eisen kommt außer in Meteoriten fast nur in Basalt eingeschlossen vor. (Sibirien; Größe der Eisenstücke etwa 3 mm)

3öhmerwald; Kristallgröße 2,6 cm

Ilmenit, Titaneisenerz

FeTiO₃ (Titan-Eisen-Oxid)

Strichfarbe: Schwarz

Dichte: 4,5–5,0

Kristallform: Trigonal

Aussehen: Das eisenschwarze, spröde Mineral zeigt seinen Metallglanz nur an frischen Flächen. An der Luft äuft es matt an. Häufig kristallisiert es zu dickeren oder dünneren Tafeln oder rhomboedrischen Gebilden, doch kommt es auch in Form körniger, derber oder dichter Aggregate vor. Es lässt sich nicht spalten, Bruchflächen sehen muschelig bis uneben aus.

Vorkommen: In erster Linie wird der häufige Ilmenit in Tiefengesteinen, vorwiegend in Pegmatiten, gefunden, und zwar zumeist in Gesellschaft von Hämatit, Magnetit, Rutil und Apatit. Weil er nicht nur schwer, sondern auch sehr hart und verwitterungsbeständig ist, hat er sich aber ebenfalls vielfach in Flussseifen und Meeressanden angereichert.

Verwendung: Der deutsche Name Titaneisenerz weist auf die Bedeutung des Minerals als Titanerz hin. Tatsächlich ist Ilmenit neben Rutil das wichtigste Titanerz überhaupt.

Besonderes: Aufgrund der gleichen Kristallgitterstruktur kommt es sehr häufig zu Mischkristallbildungen zwischen Ilmenit und Hämatit.

Ähnliche Mineralien: Der überaus ähnliche Hämatit unterscheidet sich vom Ilmenit durch seinen roten Strich.

Sind Ilmenitkristalle der Verwitterung ausgesetzt, verlieren sie bald ihren metallischen Glanz. (Norwegen; Kristallgröße 3 cm)

Freiberg (Sachsen); Kristallgröße bis zu 8 mm

Bestimmungstipp:
Ein typisches Kennzeichen des Arsenopyrits ist die grobe Längsstreifung seiner Kristallflächen.

Arsenopyrit, Arsenkies

FeAsS (Eisen-Arsen-Sulfid)

Strichfarbe: Schwarz
Dichte: 5,9–6,2
Kristallform: Orthorhombisch

Aussehen: Das zinnweiße bis stahlgraue Mineral zeig an frischen Bruchflächen starken Metallglanz, läuf aber rasch dunkel oder bunt an. Gut ausgebildete Kris talle sehen meist wie kurze Säulen oder oktaederähn lich aus, typischerweise haben sie längs gestreift Flächen. Auch derbe, körnige, nieren- oder strahlen förmige Aggregate gibt es. Bruchflächen sind uneben eine Spaltbarkeit ist nur undeutlich zu erkennen.

Vorkommen: Arsenopyrit findet sich vor allem in hydro thermalen Gängen sowie in Zinnerzgängen, wo auch Pyrit, Chalkopyrit, Gold oder Siderit vorkommen.

Verwendung: Das häufige und weit verbreitete Minera dient der Industrie als Erz, aus dem Arsen gewonner werden kann.

Besonderes: Der volkstümliche Name Misspickel rühr wohl von der alten Bezeichnung »Mistpuckel« für der Misthaufen her. Diese wiederum ist durch den charak teristischen Knoblauchgeruch zu erklären, der entsteht wenn man auf Arsenopyrit hämmert.

Ähnliche Mineralien: Pyrit und Markasit sind im Unter schied zu Arsenopyrit immer gelblich, was man abe bei angelaufenem Markasit erst erkennen kann, wen man die oberste Schicht ankratzt.

Manchmal können Arsenopyritkristalle auch ganz bunt angelaufen sein. (Portugal; Kristallgröße 3 cm)

Tessin (Schweiz); Größe der Tafel 1 cm

Columbit

(Fe,Mn)(Nb,Ta)$_2$O$_6$ (Oxid)
Strichfarbe: Braun bis Schwarz
Dichte: 5,3–8,1
Kristallform: Orthorhombisch
Aussehen: Das braunschwarze bis schwarze, undurchsichtige Mineral zeigt einen pechähnlichen Glanz. Seine tafeligen bis prismatischen oder nadeligen Kristalle sind zumeist fein längs gerieft. Es bricht muschelig, eine Spaltbarkeit ist kaum erkennbar.
Vorkommen: Der häufige Columbit findet sich normalerweise in Pegmatiten eingewachsen. Meist kommt er in Begleitung von Quarz und Feldspat, seltener auch zusammen mit Pechblende, einem Uranerz, vor.
Verwendung: Columbit stellt den wichtigsten Rohstoff für die chemischen Elemente Niob und Tantal dar. Beide werden unter anderem als Legierungsbestandteile für nicht rostende Stähle eingesetzt.
Besonderes: Columbit ist ein Sammelname für Mischkristalle aus den Mineralien Niobit ([Fe,Mn]Nb$_2$O$_6$) und Tantalit ([Fe,Mn]Ta$_2$O$_6$). Wenn Columbit zusätzlich noch geringe Beimengungen von Pechblende enthält, ist er aufgrund von deren Urangehalt radioaktiv.

Ähnliche Mineralien: Hämatitkristalle sehen oft sehr ähnlich aus, haben aber eine rote Strichfarbe. Der in der Färbung ähnliche Ilmenit unterscheidet sich durch die Kristallform; Wolframit hat einen bräunlichen Strich und eine deutliche Spaltbarkeit.

Bestimmungstipp:
Columbitkristalle sind typischerweise in Pegmatiten eingewachsen.

Dieser 1 cm große Columbitkristall aus Afghanistan ist in einem Turmalin eingewachsen.

Ilvait auf Quarz; Ostsibirien; Größe der Kristalle bis 1,5 cm

Ilvait

$CaFe_3[OH/O/Si_2O_7]$ (Kalzium-Eisen-Silikat)

Strichfarbe: Schwärzlich

Dichte: 4,1

Kristallform: Orthorhombisch

Aussehen: Der dunkelgraue bis braunschwarze oder vollkommen schwarze Ilvait bildet prismatische Kristalle, die säulenförmig bis feinnadelig sein können und deren Flächen meist längs gestreift sind. Auch strahlige oder stängelige Gebilde kommen vor, seltener derbe und körnige Aggregate. Das undurchsichtige Mineral zeigt überwiegend einen Glanz wie Fett oder Harz, manchmal glänzt es auch leicht metallisch. Eine Spaltbarkeit ist kaum erkennbar, Bruchflächen sehen muschelig aus.

Vorkommen: Der vergleichsweise seltene Ilvait ist ein charakteristisches Mineral eisenreicher pneumatolytischer Gänge. Fast immer tritt er in Begleitung von Magnetit, Pyrit, Hämatit und/oder Arsenopyrit auf.

Besonderes: Die Bezeichnung Ilvait ist vom lateinischen Namen der Insel Elba, Ilva, abgeleitet. Dort wurde das Mineral 1806 erstmals gefunden und nach seinem Fundort benannt.

Ähnliche Mineralien: Ilvait kann mit Turmalin verwechselt werden, doch ist dieser nicht nur härter, sondern hat auch einen weißen Strich. Auch Aktinolith sieht dem Ilvait oft sehr ähnlich, zeigt jedoch im Gegensatz zu diesem eine sehr gute Spaltbarkeit.

Gewöhnlich glänzen Ilvaitkristalle, sie können aber auch matt erscheinen. (Griechenland; Kristallgröße 8 cm)

Siegerland; Länge der Büschel 2 cm

Bestimmungstipp: Während Pyrolusitkristalle die Härte 6 aufweisen, haben erdige oder krustige Aggregate des Minerals scheinbar nur Härte 1–2: Sie zerbröckeln meist bei dem Versuch, sie zu ritzen.

Pyrolusit

MnO_2 (Mangan-Oxid)
Strichfarbe: Schwarz
Dichte: 4,9–5,1
Kristallform: Tetragonal
Aussehen: Das silbrig glänzende bis mattschwarze, undurchsichtige Mineral kommt nur selten in Form dickerer prismatischer Kristalle vor. Eher zeigt es sich als gebündelte oder strahlenförmig angeordnete Kristallnadeln. Meist jedoch bildet der überaus spröde Pyrolusit erdige, krustige oder faserige Aggregate, kompakte Massen oder feine, in der Gestalt an Korallen erinnernde Überzüge auf Gestein. Er hat unebene Bruchflächen und keine Spaltbarkeit.
Vorkommen: Man findet das häufige und weit verbreitete Mineral in hydrothermalen Gängen sowie in der Oxidationszone von Lagerstätten manganhaltiger Mineralien, etwa von Siderit oder Rhodochrosit, ebenso aber auch eingebettet in Sedimentgestein.
Verwendung: Die oft gebrauchte Bezeichnung Weichmanganerz weist auf die Bedeutung des Minerals zur Mangangewinnung hin. Mangan stellt ein wichtiges Legierungsmetall zur Stahlveredelung dar.
Besonderes: Beim Hantieren färbt Pyrolusit, insbesondere seine erdigen Aggregate, stark an den Fingern ab, weshalb er auch die Bezeichnung Braunstein trägt.

Ähnliche Mineralien: Manganit hat einen braunen Strich; Antimonit ist viel weicher und nicht so spröde.

Pyrolusit bildet gelegentlich schöne radialstrahlige Aggregate. (Ilmenau/Thüringen; Länge der Nadeln 2 cm)

Kanada; Größe der Kristalle bis zu 2,3 cm

Bestimmungstipp: Schlägt man mit einem harten Metallgegenstand auf Pyrit, sprühen Funken, und leichter Schwefelgeruch macht sich bemerkbar.

Manchmal bildet Pyrit auch radialstrahlige flache Rosetten (Illinois/USA; Durchmesser 8 cm)

Pyrit

FeS_2 (Eisen-Sulfid)

Strichfarbe: Grünliches Schwarz

Dichte: 5,0–5,2

Kristallform: Kubisch

Aussehen: Typischerweise kristallisiert das undurchsichtige, auch unter dem Namen Eisenkies bekannte Mineral als Würfel mit fein gestreiften Flächen. Auch Oktaeder und vielflächige Kristalle kommen häufig vor, ebenso radialstrahlige, nierenförmige und derbe Aggregate. Die blassgelbe Färbung und der starke Metallglanz sind der Grund für die volkstümlichen Bezeichnungen Narrengold oder Katzengold.

Vorkommen: Pyrit tritt, oft in großen Massen, in den unterschiedlichsten Lagerstätten auf, von vulkanischen Gesteinen bis zu Sedimenten, von hydrothermalen Gängen bis zu Kohleflözen, von Schiefern und Tonen bis zu heißen Quellen. Er ist das verbreitetste Sulfidmineral.

Verwendung: Nicht nur als Schwefelerz hat Pyrit wirtschaftliche Bedeutung, regional dient er auch zur Gewinnung anderer chemischer Elemente wie Kupfer, Gold oder Kobalt, die als Beimengungen an das Pyriterz gebunden sind. Schön ausgebildete Kristalle werden seit dem Altertum und gelegentlich auch heute noch zu Schmucksteinen geschliffen.

Ähnliche Mineralien: Chalkopyrit ist deutlich weicher als Pyrit. Markasit hat eine andere Kristallform, derb ausgebildet ist er jedoch kaum von Pyrit zu unterscheiden.

Markasitkruste auf Calcitkristallen; Vogtland; Größe der Kristalle 1 cm

Markasit

FeS_2 (Eisen-Sulfid)

Strichfarbe: Grünliches Schwarz

Dichte: 4,8–4,9

Kristallform: Orthorhombisch

Aussehen: Markasit zeigt eine messinggelbe Färbung mit einem Stich ins Grüne. Seine tafeligen Kristalle sehen wie kleine Beile oder wie Speerspitzen aus, durch reihenweise Verwachsungen auch wie Hahnenkämme. Daher rühren auch seine deutschen Namen Speerkies oder Kammkies. Ebenso kommt das spröde Mineral in Form radialstrahliger oder feinfaseriger Aggregate und dichter Massen vor. Es bricht uneben und lässt sich nur schlecht spalten.

Vorkommen: Man findet das Mineral vorwiegend in hydrothermalen Lagerstätten in Kalk oder Dolomit sowie als Geoden oder flache Linsen in Sedimenten.

Besonderes: An der Luft zersetzt sich Markasit allmählich zu Limonit und Schwefelsäure. Daher müssen Natursteine, die für Bauzwecke verwendet werden, unbedingt frei von Markasitbeimengungen sein. Andernfalls würden sie sehr bald verwittern und instabil werden. In Mineraliensammlungen können Markasitstücke durch die freigesetzte Schwefelsäure mit der Zeit die Aufbewahrungskästen und sogar Schränke zerstören.

Ähnliche Mineralien: Pyrit hat zwar andere Kristallformen als Markasit, in derber oder strahliger Ausbildung ist er jedoch nur schwer von diesem zu unterscheiden.

Bestimmungstipp: Markasitkristalle sind oft zu gezackten Gruppen verwachsen, die wie Hahnenkämme, Sterne oder kleine Tannenbäume aussehen.

Der stark metallisch glänzende Markasit ist nicht selten farbig angelaufen. (Vogtland; Breite der Stufe 6 x 7,5 cm)

Bestimmungstipp: Magnetit lenkt eine Kompassnadel deutlich ab.

Binntal (Schweiz); Kristallgröße 1 cm

Magnetit

Fe_3O_4 (Eisen-Oxid)
Strichfarbe: Schwarz
Dichte: 5,2
Kristallform: Kubisch
Aussehen: Das eisenschwarze Mineral zeigt einen matten Metallglanz. Seine Kristalle sind typischerweise auf- oder eingewachsene Oktaeder, doch kommen auch flächenreichere und verzerrte Gebilde vor. Außerdem tritt Magnetit in derben Massen auf. Beim Zerschlagen bricht das spröde Mineral muschelig, eine Spaltbarkeit ist kaum erkennbar.
Vorkommen: Der in der Natur weit verbreitete Magnetit ist in den unterschiedlichsten Gesteinsarten zu finden. Auf alpinen Klüften kommt er ebenso vor wie in hydrothermalen Gängen. Charakteristische Begleitmineralien sind Pyrit, Ilmenit, Hämatit und Apatit.
Verwendung: Magnetit stellt ein hochwertiges Eisenerz dar, das in vielen Regionen der Erde auftritt. Die Magnetitlagerstätte beim nordschwedischen Kiruna gilt als die größte Eisenanreicherung der Welt.
Besonderes: Mit deutschem Namen heißt das Mineral auch Magneteisenerz. Tatsächlich können massive Magnetitstücke als Magnete wirken und z. B. Eisenspäne oder kleine Nägel anziehen.

Ähnliche Mineralien: Hämatit hat einen roten Strich, Ilmenit eine andere Kristallform. Kein Mineral ist auch nur annähernd so stark magnetisch wie Magnetit.

Magnetitkristalle sind manchmal skelettartig ausgebildet. (Afghanistan; Kristallgröße bis zu 8 mm)

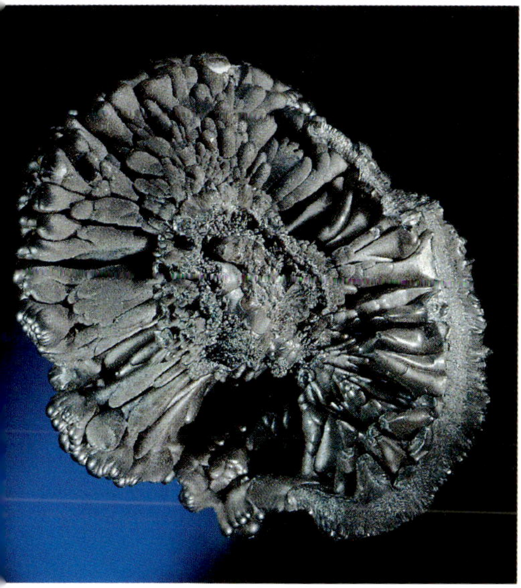

Siegerland; Durchmesser des Aggregats 3 cm

Bestimmungstipp: Der Psilomelan ist eigentlich sehr hart, doch erdige Massen dieses Minerals können eine sehr viel geringere Härte vortäuschen.

Psilomelan, Romanechit

$BaMn_8O_{16}(OH)_4$ (Barium-Mangan-Oxid)

Strichfarbe: Braunschwarz

Dichte: 6,3–6,5

Kristallform: Monoklin

Aussehen: Das derbe oder feinkristalline Mineral bildet schwarze bis stahlgraue, zumeist trauben- bis nierenförmige Aggregate, die entweder schwach metallisch glänzen oder vollkommen matt sind. Auch strahlige Gebilde und erdige Massen kommen vor. Das spröde Mineral zeigt unebene Bruchflächen und lässt keine Spaltbarkeit erkennen.

Vorkommen: Psilomelan findet sich in der Oxidationszone manganhaltiger Erzlagerstätten. Er tritt als Klumpen in Sedimentgesteinen sowie als Verdrängungsmineral in Kalken auf. Bekannt sind die so genannten Dendriten auf Kalksteinplatten, wie Pflanzen aussehende Aggregate aus winzigsten Psilomelankristallen. Knollen dieses Minerals werden auch am Meeresgrund, insbesondere im Pazifik, gefunden.

Verwendung: Als Manganerz hat Psilomelan große wirtschaftliche Bedeutung. Mit deutschem Namen wird er auch oft Hartmanganerz genannt.

Besonderes: Ist Psilomelan der Witterung ausgesetzt, verwittert er im Lauf der Zeit zu Pyrolusit.

Ähnliche Mineralien: Pyrolusit hat eine andere Kristallform. Derb oder als nierige Aggregate ist er jedoch von Psilomelan nur schwer zu unterscheiden.

Diese Stufe von traubenförmig ausgebildetem Psilomelan wurde bei Schneeberg (Sachsen) gefunden und ist 7 cm breit.

Utah (USA); Kristallgröße 1 cm

Bixbyit

$(Mn,Fe)_2O_4$ (Mangan-Eisen-Oxid)

Strichfarbe: Schwarz

Dichte: 4,9–5,2

Kristallform: Kubisch

Aussehen: Die für das undurchsichtig schwarze, metallisch glänzende Mineral charakteristische Kristallform ist der Würfel. Dessen Flächen zeigen gewöhnlich eine mehr oder weniger starke Riefung. Außer in kristalliner Form tritt Bixbyit auch oft als derbe Masse auf. Zerschlägt man das spröde Mineral, ist eine Spaltbarkeit nach dem Oktaeder gut erkennbar; Bruchflächen sind uneben.

Vorkommen: Man findet das seltene Mineral in metamorphen Manganlagerstätten sowie in vulkanischen Gesteinen und ihren Hohlräumen. Typische Begleitmineralien sind unter anderem Topas und Granat.

Besonderes: Bixbyit in schönen Kristallen ist ein typischer Begleiter der hervorragenden braunen Topaskristalle, die in Utah (USA) in Hohlräumen der dortigen vulkanischen Gesteine vorkommen. Bixbyit-Würfel sind dort sogar häufig auf den Topasen aufgewachsen.

Ähnliche Mineralien: Vor allem Magnetit kann mit Bixbyit verwechselt werden, doch unterscheidet er sich zum einen durch seinen starken Magnetismus von Bixbyit, zum anderen bilden sich Magnetitkristalle fast nie in würfeliger Form und lassen überdies kaum eine Spaltbarkeit erkennen.

Die Würfel von Bixbyit haben oft abgeschrägte Ecken. (Utah/USA; Kristallgröße 5 mm)

Habachtal (Österreich); Länge des Kristalls 3 cm

Bestimmungstipp: Durchscheinende Kristalle von Epidot zeichnen sich dadurch aus, dass sie in den verschiedenen Betrachtungsrichtungen unterschiedliche Farbtönungen zeigen.

Epidot

$Ca_2(Fe,Al)Al_2[O/OH/SiO_4/Si_2O_7]$ (Silikat)

Strichfarbe: Grau

Dichte: 3,3–3,5

Kristallform: Monoklin

Aussehen: Das durchscheinende, glasartig glänzende Mineral kann von gelb- über dunkel- bis hin zu schwarzgrün, in seltenen Fällen auch rot gefärbt sein. Die mehr oder weniger dünnen prismatischen Kristalle sind häufig zu radialstrahligen Aggregaten verwachsen, zu Drusen vereinigt oder zu Büscheln gruppiert. Gelegentlich haben Epidotkristalle auch die Form miteinander verwachsener dicker Tafeln. Das spröde Mineral bricht zumeist muschelig, eine Spaltbarkeit ist nur schlecht erkennbar.

Vorkommen: Man findet Epidot eingeschlossen in Pegmatiten oder in Epidotschiefern, aber auch auf Klüften von Graniten und von metamorphen Gesteinen. Zu den Mineralien, die häufig in seiner Gesellschaft auftreten, zählen unter anderem Aktinolith, Apatit und Granat.

Verwendung: Schön ausgebildete Kristalle werden vereinzelt zu Schmucksteinen geschliffen.

Besonderes: Weil Epidot, insbesondere in feinkörnigen Aggregaten, oft eine pistaziengrüne Färbung aufweist, wird er auch Pistazit genannt.

Ähnliche Mineralien: Im Gegensatz zu Epidot zeichnen sich Augit, Hornblende und Aktinolith durch eine vollkommene Spaltbarkeit aus.

Diese Epidot-Garbe auf Quarz hat eine Länge von 7 cm und wurde in Peru gefunden.

Cornwall (Großbritannien); Länge der Büschel 2 mm

Bestimmungstipp: Die himmelblauen, feinen Nadelbüschel des Aurichalcits sind kaum zu verwechseln.

Obwohl er nur winzige Kristalle bildet, fällt Aurichalcit dank seiner ungewöhnlichen Färbung sogleich auf. (Schwarzenberg/Sachsen; Größe der Druse 0,5 x 1,5 cm)

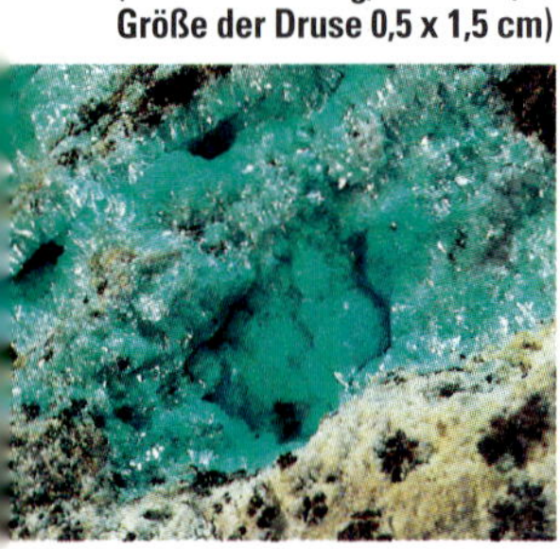

Aurichalcit

$(Zn,Cu)_5[(OH)_3/CO_3]_2$ (Zink-Kupfer-Karbonat)

Strichfarbe: Weiß bis blasses Hellblau
Dichte: 3,6 – 4,3
Kristallform: Orthorhombisch
Aussehen: Das himmelblau bis helltürkis gefärbte Mineral bildet durchscheinende, wie Perlmutt oder Seide glänzende Kristalle. Diese sind feinnadelig und stehen radialstrahlig oder in Büscheln beieinander. Ebenso können sie die Form dünner, biegsamer Blättchen haben, die zu Rosetten angeordnet sind oder Krusten ausbilden. Einzeln stehende Kristalle sind hingegen selten. Das spröde Mineral, das blättrig bricht, weist eine gute Spaltbarkeit auf, die jedoch wegen der geringen Größe der Kristalle nur schwer zu erkennen ist.
Vorkommen: Der mit deutschem Namen auch Messingblüte genannte Aurichalcit kommt immer dort vor, wo Zink- und Kupfermineralien zusammen auftreten, denn er entsteht in der Oxidationszone von Zink- und Kupferlagerstätten durch Ausfällung aus mineralhaltigem Wasser. Häufig ist er auf Limonit aufgewachsen. Typische Begleitmineralien sind unter anderem Hemimorphit, Smithsonit, Cuprit und Malachit.
Besonderes: Beim Beträufeln mit verdünnter Salzsäure braust Aurichalcit deutlich auf.

Ähnliche Mineralien: Cyanotrichit ist deutlich blauer und braust beim Beträufeln mit verdünnter Salzsäure nur wenig oder gar nicht auf.

Ukraine; Durchmesser der großen Rosette 6 cm

Vivianit

$Fe_3(PO_4)_2 \cdot 8H_2O$ (Eisen-Phosphat)
Strichfarbe: Weiß bis blasses Hellblau
Dichte: 2,6–2,7
Kristallform: Monoklin
Aussehen: Die prismatischen bis tafeligen Kristalle sind oft sternförmig oder kugelig angeordnet. Vivianit kommt aber auch derb, erdig oder pulverig vor oder bildet Krusten auf anderen Mineralien. Ganz frisch aus dem Gestein geschlagene Stücke sind farblos und durchsichtig, an der Luft werden sie jedoch sehr rasch grün bis blau, mit der Zeit schwarzblau und undurchsichtig. Sie zeigen einen perlmuttartigen Glanz und sind mild. Dünne Kristallblättchen sind biegsam. Die Spaltbarkeit des Minerals ist vollkommen, der Bruch blättrig.
Vorkommen: Vivianit findet sich sowohl in Pegmatiten als auch in der Oxidationszone und ebenso in Sedimentgesteinen. Häufig kommt er in Hohlräumen von Versteinerungen, etwa Muscheln oder Knochen, vor. Pulveriger Vivianit entsteht überdies bei der Zersetzung organischer Reste in Torfmooren. Bedeutende Fundstellen des Minerals liegen z. B. bei Hagendorf in der Oberpfalz und in der hessischen Wetterau.
Besonderes: Vivianitkristalle können an trockener Luft nach einiger Zeit zerfallen.

Ähnliche Mineralien: Blauer Vivianit kann mit Azurit verwechselt werden, im Gegensatz zu diesem braust Vivianit mit verdünnter Salzsäure jedoch nicht.

Bestimmungstipp:
Vivianit lässt sich bereits mit dem Fingernagel ritzen.

Diese tafeligen, etwa 1 cm großen Vivianitkristalle sind auf Magnesit aufgewachsen und stammen von der Halbinsel Kola (Russland).

Griechenland; Größe der Kristallaggregate bis zu 3 mm

Bestimmungstipp:
Löst man Annabergit in Säuren auf, färbt sich die Lösung grün.

Annabergit

$Ni_3(AsO_4)_2 \cdot 8H_2O$ (Nickel-Arsenat)

Strichfarbe: Weiß

Dichte: 3,0–3,1

Kristallform: Monoklin

Aussehen: Das hellgrüne bis apfelgrüne Mineral bildet prismatische, tafel- oder nadelförmige Kristalle, die oft zu Fächern oder Garben angeordnet sind und einen lebhaften Glasglanz zeigen. Häufiger jedoch kommt es derb, als krustiger Überzug auf Gesteinsoberflächen oder als erdige bis pulverige Masse vor. Zerschlägt man Annabergit, erweist er sich als vollkommen spaltbar. Bruchflächen sehen blättrig aus. Dünne Blättchen lassen sich vorsichtig biegen, ohne zu brechen.

Vorkommen: Das auch Nickelblüte genannte Mineral tritt in der Oxidationszone von nickelhaltigen Erzlagerstätten auf. Dort bildet es oft Überzüge auf den verschiedenen Nickelerzen. So ist es z. B. im Harz auf den verwitterten Halden des Kupferschiefers zu finden.

Besonderes: Seinen Namen trägt das Mineral nach dem Bergbauort Annaberg in Sachsen. Eine magnesiumreiche, intensiv apfelgrüne Varietät des Annabergits, die in der Sierra Cabrera in Spanien gefunden wird, heißt Cabrerit.

Ähnliche Mineralien: Malachit und andere Kupfermineralien sind gewöhnlich dunkler grün. Außerdem braust Malachit im Gegensatz zu Annabergit, wenn man ihn mit verdünnter Salzsäure in Kontakt bringt.

Klein, aber äußerst attraktiv sind die garbenförmigen Aggregate von Annabergit. (Griechenland; Größe der Kristalle 5 mm)

Polen; Größe der Kristalle 1 cm

Schwefel

S

Strichfarbe: Weiß

Dichte: 2,0–2,1

Kristallform: Orthorhombisch

Aussehen: Die glänzenden Kristalle des Schwefels haben sehr oft die Form von Doppelpyramiden, spitzen Pyramiden oder dicken Tafeln, selten kommt Schwefel auch in dünntafeliger, körniger, faseriger, nieriger oder erdiger Form vor. Er kann hellgelb bis bräunlich oder grünlich gelb gefärbt und klar durchsichtig bis völlig undurchsichtig sein. Bruchstücke zeigen muschelige Flächen, eine Spaltbarkeit ist kaum zu erkennen.

Vorkommen: Gediegener Schwefel findet sich in der Nähe vulkanischer Gasaustritte, in Lagern und Gängen in Sedimentgesteinen, in Salzlagerstätten, als Begleiter sulfidischer Erze und in Hohlräumen von Fossilien.

Verwendung: Beinahe die Hälfte des weltweit verarbeiteten Schwefels stammt nicht aus Erzen, sondern von gediegenen Vorkommen. Er dient nicht nur zur Herstellung von Streichhölzern, sondern wird in großen Mengen auch z. B. zur Produktion von Schwefelsäure, zum Vulkanisieren von Kautschuk, in der Zellstoffindustrie oder zur Herstellung chemischer Schädlingsbekämpfungsmittel gebraucht.

Ähnliche Mineralien: Gelbe Zinkblende sieht sehr ähnlich aus, kann an ihrer guten Spaltbarkeit aber leicht von Schwefel unterschieden werden.

Bestimmungstipp:
Schwefelbrocken fühlen sich immer besonders leicht an.

Schwefelkristalle zeigen einen lebhaften Glanz. (Sizilien; großer Kristall 2 cm)

Zumeist bildet Halit durchscheinende Kristalle, sie können aber auch vollkommen durchsichtig sein. (Polen; Größe der Stufe 10 cm)

Mojave-Wüste (Kalifornien/USA); Kristallgröße 1 cm

Halit, Steinsalz

NaCl (Natrium-Chlorid)

Strichfarbe: Weiß

Dichte: 2,1 – 2,2

Kristallform: Kubisch

Aussehen: Überwiegend kommt Halit als körnige bis dichte Masse vor. Kristalle stellen fast immer Würfel dar, die aber oft verzerrt sind oder gerundete Kanten haben. Das Mineral, das wie Glas glänzt, kann farblos bzw. weiß oder durch kleinste Beimengungen anderer Minerale rötlich, gelb, grau oder blau getönt sein. Das spröde Mineral spaltet vollkommen nach dem Würfel, seine Bruchflächen sind uneben.

Vorkommen: An vielen Stellen der Welt bildet Steinsalz mächtige Lagerstätten, wobei es sich gewöhnlich in Gesellschaft von Gips und Anhydrit befindet. In Steppen und Wüsten tritt Halit häufig als Ausblühungen des Bodens sowie am Rand von Salzseen auf, ebenso findet man ihn an Austrittsstellen vulkanischer Gase.

Verwendung: Seit ältester Zeit nutzten die Menschen das Steinsalz als Speisewürze und zur Nahrungskonservierung. Heute fließt ein Großteil der geförderten Salzmenge als Rohstoff in die chemische Industrie.

Besonderes: Halit war wahrscheinlich das erste Mineral, das bergmännisch abgebaut wurde, so z. B. im österreichischen Salzkammergut bereits in der Bronzezeit.

Ähnliche Mineralien: Fluorit ist härter als Halit und außerdem nicht wasserlöslich.

Bestimmungstipp:
Halit löst sich in Wasser auf. Von jedem anderen Mineral unterscheidet er sich durch seinen salzigen Geschmack.

Hall (Tirol); Länge der Kristalle bis zu 2 cm

Bestimmungstipp: Gips ist mit dem Fingernagel ritzbar. Lange Kristalle lassen sich vorsichtig biegen, ohne zu brechen.

Gips, Selenit

$CaSO_4 \cdot 2H_2O$ (Kalzium-Sulfat)
Strichfarbe: Weiß
Dichte: 2,3–2,4
Kristallform: Monoklin
Aussehen: Gips, als Mineral auch Selenit genannt, hat viele Gesichter: Er kann farblos sein, aber ebenso gelblich oder rosa gefärbt, kann prismatische bis tafelige, nadelige oder linsenförmige Kristalle bilden, in faserigen Stücken (Fasergips) oder in schlangenartig gebogenen Gebilden (Gipslocken) auftreten. Dichte Massen sind unter dem Namen **Alabaster** bekannt, in Wüsten treten rosettenförmig angeordnete Gipskristalle mit eingeschlossenen Quarzkörnchen als **Sandrosen** auf. Gips zeigt Seiden- oder Perlmuttglanz, seine Spaltbarkeit ist vollkommen, Bruchflächen sind uneben.
Vorkommen: Kristalliner Gips findet sich in Tonen und Mergeln eingeschlossen, auf Erzlagerstätten, in alten Bergwerksstollen sowie in Wüsten.
Verwendung: In riesigen Mengen wird Gips in der Zement- und Bauindustrie gebraucht. Alabaster wird zu Plastiken, Gefäßen oder Schmuckstücken verarbeitet. Erhitzt man Gips auf 300–400 °C, erhält man »gebrannten« Gips, der Wasser wieder aufnimmt und dann rasch erstarrt. Er wird verwendet für Stuck, Gipsabgüsse oder Gipsverbände.

Ähnliche Mineralien: Spaltbarkeit oder Härte unterscheiden Gips von allen ähnlichen Mineralien.

Klar durchsichtige, tafelige Gipskristalle werden oft als Marienglas bezeichnet. (Kanada; Kristallgröße 3 cm)

Bestimmungstipp: Ettringit braust nicht wie der viel häufigere Calcit mit verdünnter Salzsäure.

Südafrika; Kristallgröße 1 cm

Ettringit

$Ca_6Al_2(SO_4)_3(OH)_{12} \cdot 24H_2O$ (Kalzium-Aluminium-Sulfat)

Strichfarbe: Weiß

Dichte: 1,8

Kristallform: Hexagonal

Aussehen: Gut ausgebildete Ettringitkristalle stellen glänzende, sechsseitige Säulen dar, die an den Enden pyramidenförmig zugespitzt sein können. Auch als Fasern, häufig sternförmig angeordnet, oder als feine, seidig glänzende Nadeln kommt das Mineral vor. Es tritt sowohl farblos durchsichtig als auch milchig weiß oder hellgelb auf. Zerschlägt man das spröde Mineral, lässt sich kaum eine Spaltbarkeit feststellen, die Bruchflächen sind uneben.

Vorkommen: Ettringit findet sich ausschließlich in vulkanischen Gesteinen, und zwar in Blasenhohlräumen oder in Kalksteineinschlüssen. Charakteristische Begleitmineralien sind Calcit und Phillipsit. In Deutschland wird das seltene Mineral in den Basaltlaven der Eifel bei Ettringen gefunden, woher auch sein Name abgeleitet ist.

Besonderes: Ettringit entsteht durch Zugabe von Sulfat beim Abbinden von Zement und verlängert die Abbindezeit, sulfatfreier Zement erhärtet dagegen sofort.

Ähnliche Mineralien: Vor allem mit dem oft gemeinsam auftretenden Calcit kann Ettringit leicht verwechselt werden, doch zeigt Calcit eher andere Kristallformen und ist außerdem vollkommen spaltbar.

Sechseckige Säulen sind eine typische Kristallform des Ettringits. (Südafrika; Kristallgröße 2 cm)

Bergen (Vogtland); Größe einzelner Kristalltafeln bis zu 1 cm

Autunit

$Ca[UO_2/PO_4]_2 \cdot 8–12H_2O$ (Kalzium-Uran-Phosphat)
Strichfarbe: Weiß bis gelbliches Weiß
Dichte: 3,2
Kristallform: Tetragonal
Aussehen: Kalkuranglimmer, wie der Autunit mit deutschem Namen auch genannt wird, kristallisiert in dünnen, rechteckigen Täfelchen. Stets sind diese gelb, oft mit einem Stich ins Grüne; sie können durchsichtig oder durchscheinend sein und glänzen wie Glas oder Perlmutt. Zuweilen tritt das Mineral in Form krustiger, schuppiger oder erdiger Aggregate auf. Seine Spaltbarkeit ist vollkommen, Bruchflächen sehen uneben aus.
Vorkommen: Fundstellen von Autunit liegen in der Oxidationszone von Erzlagerstätten. Ein typisches Begleitmineral ist z. B. Torbernit.
Verwendung: Zusammen mit anderen Uranmineralien dient Autunit als Rohstoff zur Gewinnung von Uran für die Atomindustrie.
Besonderes: Aufgrund seines Urangehalts ist Autunit radioaktiv. Sammlerstücke sollten keinesfalls in Wohnräumen aufbewahrt werden. Beim Hantieren damit sollte man aus Sicherheitsgründen weder essen noch trinken, hinterher sich unbedingt die Hände waschen. Von Kindern ist das Mineral fern zu halten.

Ähnliche Mineralien: Torbernit ist meist kräftiger grün, hat zudem eine grüne Strichfarbe und fluoresziert im Gegensatz zu Autunit im UV-Licht nicht.

Bestimmungstipp:
Autunit zeigt unter UV-Licht ein starkes gelbgrünes Leuchten (Fluoreszenz).

Glänzende gelbe Kristallblättchen sind typisch für den Autunit. (Bergen/Vogtland; Größe der Blättchen bis zu 3 cm)

Muskovit; Limbach-Oberfrohna (Sachsen); Breite des Aggregats 9 cm

Glimmer

$AB_{2-3}[(OH,F)_2/AlSi_3O_{10}]$ (Silikate, verallgemeinerte Formel)

Strichfarbe: Weiß

Dichte: 2,7–3,3

Kristallform: Monoklin

Aussehen: Unter der Bezeichnung Glimmer ist eine Gruppe von Silikatmineralien zu verstehen, die sich in ihren Eigenschaften sehr ähneln. Hervorstechendstes Merkmal ist die vollkommene Spaltbarkeit ihrer Kristalle zu hauchdünnen Schichten. Aufgrund dieser hohen Spaltbarkeit zeigen sie auf den glatten Flächen einen starken Glanz, das typische »Glimmern«. Die dünnen Spaltblättchen sind elastisch biegsam, d. h., sie kehren nach dem Biegen wieder in ihre Ausgangsform zurück. **Muskovit** ist einer der häufigsten und wichtigsten Glimmer. Seine Kristalle sind gewöhnlich tafelförmig, gelegentlich kommen auch pyramidale Formen vor. Stets weisen sie einen sechsseitigen Umriss auf. Neben blättrigen, oft rosettenartigen Aggregaten treten auch dichte Massen auf. Das Größenspektrum von Muskovitkristallen reicht von feinsten Schüppchen bis zu metergroßen Gebilden. Der größte Einzelkristall, den man je fand, maß 2,5 m im Durchmesser, war fast 4 m lang und wog 25 t. Zumeist ist Muskovit farblos, doch kann er auch gelblich, rötlich oder grünlich getönt sein. Eine chromhaltige, grasgrüne Varietät, die unter anderem in Tirol gefunden wird, heißt **Fuchsit**, eine manganhaltige rosa bis rötlich gefärbte Varietät **Alurgit**.

Seine feinblättrige Schichtung kennzeichnet den Muskovit als Glimmer. (Brasilien; Größe der Stufe 8 cm)

Lepidolith; Kalifornien (USA); Länge der Kristalle 4 cm

Bestimmungstipp:
Die einzelnen feinen Schichtblättchen von Glimmer kann man vorsichtig – biegen. Lässt man sie wieder los, kehren sie zu ihrer geraden Form zurück.

Auch **Biotit** bildet sechseckige Kristalle, die ein- oder aufgewachsen sein können. Er tritt häufig in blättrigen Aggregaten sowie in Form von Rosetten oder dichten, schuppigen Massen auf. Biotit kann dunkelbraun, dunkelgrün oder schwarz gefärbt sein.
Phlogopit kristallisiert auf dieselbe Art wie Biotit, nur ist er rotbraun, gelblich oder grünlich gefärbt, gelegentlich auch farblos.
Lepidolith hingegen zeigt sich rosa, rosaviolett oder rötlich getönt. Der Form nach entspricht der Lepidolith den übrigen Glimmern.
Vorkommen: Unter den Glimmern sind Muskovit, Biotit und Phlogopit gesteinsbildende Mineralien, wobei Muskovit und Biotit am weitesten verbreitet sind. Sie treten vor allem als Bestandteile von Graniten, Pegmatiten, Gneisen und Glimmerschiefern auf. Große, gut ausgebildete Kristalle dieser Mineralien finden sich insbesondere in Pegmatiten.
Verwendung: Glimmer sind hervorragende Isolatoren für elektrischen Strom und für Wärme. Daher stellen vor allem Muskovit und Biotit wichtige Rohstoffe für die Elektro- und Keramikindustrie dar. Muskovit und Phlogopit als die transparentesten Glimmer wurden schon vor mehr als drei Jahrhunderten zur Herstellung von Lampen und Fenstern verwendet.

Ähnliche Mineralien: Chlorit lässt sich im Gegensatz zum Glimmer leicht mit dem Fingernagel ritzen, seine Spaltblättchen sind nicht elastisch biegsam.

Biotit zählt zu den dunklen Glimmern. (Madagaskar; Kristallgröße 1 cm)

Freiberg (Sachsen); Größe der Silberlocken 6 x 10 cm

Bestimmungstipp: Silber ist sehr dehnbar. Es bricht nicht, wenn man es zu dünnen Drähten auszieht oder zu Plättchen hämmert.

Silber

Ag

Strichfarbe: Silberweiß, metallisch glänzend
Dichte: 9,6 – 12
Kristallform: Kubisch
Aussehen: Hauptsächlich findet man gediegenes Silber in der Natur in Form von knäueligen Drähten. Seltener kommen andere unregelmäßige Formen wie Bleche, Blättchen, skelettförmige Figuren, Krusten, Klumpen oder würfelige Kristalle vor. Seine silberweiße, metallisch glänzende Oberfläche ist häufig schwärzlich oder gelblich angelaufen. Eine Spaltbarkeit fehlt gänzlich, Bruchflächen sehen hakig aus.
Vorkommen: Silber tritt in hydrothermalen Gängen unterschiedlichster Temperaturen auf. Überwiegend entsteht es durch Zersetzung von Silbererzen, etwa Galenit, in oberflächennahen Lagerstätten. Gelegentlich findet es sich auch in Flussseifen.
Verwendung: Seit Jahrtausenden genießt Schmuck aus diesem edlen Metall höchste Wertschätzung. Aufgrund seines hohen Handelswerts wurde Silber auch zu einem Münzmetall. Weil reines Silber sehr weich ist, verwendet man für Schmuck und Münzen allerdings durchweg Legierungen. Große Mengen Silber werden heute in der Elektroindustrie, aber auch für fotografische Zwecke und in der Chemie verarbeitet.

Ähnliche Mineralien: Galenit unterscheidet sich von gediegenem Silber vor allem durch seine gute Spaltbarkeit.

Am häufigsten kommt gediegenes Silber in Form dünner, gewundener Drähte, so genannter Locken, vor. (Freiberg/Sachsen; Größe der Locke 3 cm)

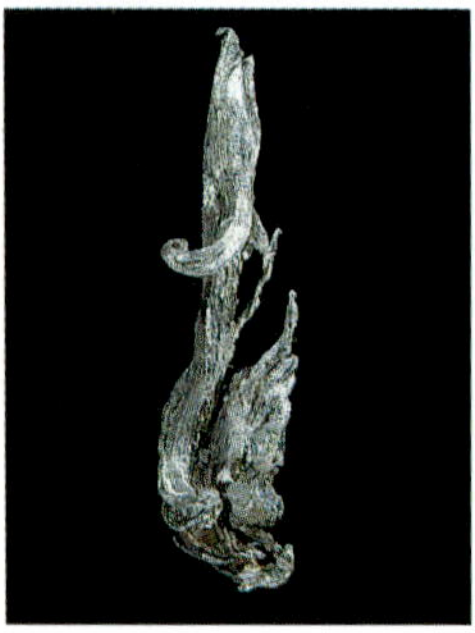

Bleiberg (Kärnten); Größe der Tafeln 1 cm

Wulfenit

$PbMoO_4$ (Blei-Molybdat)
Strichfarbe: Weiß
Dichte: 6,7–6,9
Kristallform: Tetragonal
Aussehen: Die glänzenden Kristalle dieses Minerals sind gewöhnlich dick- oder dünntafelig mit vier- oder achteckigem Umriss. Doch auch dünne Nadeln und spitze Pyramiden treten auf, ebenso derbe Aggregate und löchrige Massen. Entgegen seinem alten deutschen Namen Gelbbleierz kommt Wulfenit keineswegs nur gelb, sondern auch orangerot, blau, grau und farblos vor. Er ist durchsichtig bis durchscheinend und glänzt sehr unterschiedlich, von harzartig bis diamantartig. Das spröde Mineral zeigt eine gewisse Spaltbarkeit nach der Pyramide und hat muschelige Bruchflächen.
Vorkommen: Wulfenit tritt ausschließlich in der Oxidationszone von Bleierzlagerstätten auf, dies jedoch teilweise in großen Mengen, so etwa in Bleiberg (Kärnten). Typische Begleitmineralien sind Galenit, Cerussit, Pyromorphit und Smithsonit.
Verwendung: Wo das Mineral in ausreichendem Maß vorkommt, wird es als Molybdänerz genutzt. Molybdän ist ein wichtiges Legierungsmetall für die Erzeugung extrem hitzebeständiger Stähle.

Ähnliche Mineralien: Barytkristalle sind nie so intensiv gefärbt, sie unterscheiden sich auch durch eine andere Kristallform und die viel bessere Spaltbarkeit.

Bestimmungstipp:
Die charakteristischen gelben Täfelchen des Wulfenits, kombiniert mit seinem speziellen Vorkommen, lassen kaum eine Verwechslung zu.

Diese orangeroten Wulfenitkristalle aus Mexiko sind bis zu 1 cm groß.

Marokko; Größe der Kristalle bis 1 cm

Vanadinit

$Pb_5[Cl/(VO_4)_3]$ (Blei-Vanadat)

Strichfarbe: Weiß bis gelbliches Weiß

Dichte: 6,8–7,1

Kristallform: Hexagonal

Aussehen: Die Kristalle des Vanadinits sind im Allgemeinen prismatisch bis tafelig, oft sehen sie wie kurze, sechsseitige Säulen oder vielflächige Nadeln aus. Auch in radialstrahligen, nierenförmigen und derben Aggregaten kommt das Mineral vor. Die Bandbreite seiner Färbungen reicht von Gelb über Braun bis Orange und Rot, der Glanz von Fettglanz bis Diamantglanz. Schlägt man mit dem Hammer darauf, bricht das spröde Mineral muschelig; es zeigt keine Spaltbarkeit.

Vorkommen: Man findet den Vanadinit ausschließlich in der Oxidationszone von Bleierzlagerstätten. Oft ist er vergesellschaftet mit Pyromorphit, Wulfenit, Mimetesit und Calcit, oder er ist von Descloizit umwachsen.

Verwendung: Vanadinit zählt zu den Erzmineralien, die zur Gewinnung von Vanadium herangezogen werden. Vanadium stellt ein wichtiges Legierungselement zur Erzeugung besonders zäher Stähle dar. Außerdem braucht man es z. B. zur Herstellung von Dauermagneten sowie von UV-undurchlässigem Glas.

Ähnliche Mineralien: Pyromorphit und Mimetesit kristallisieren ähnlich, sind aber niemals rot. Auch Apatit kann mit Vanadinit verwechselt werden, ist jedoch deutlich härter.

Viele schöne Vanadinitstücke stammen aus Marokko, so auch diese Stufe mit bis zu 2,5 cm großen Kristallen.

Marokko; Größe der Kristalle rund 1 cm

Anglesit

$PbSO_4$ (Blei-Sulfat)

Strichfarbe: Weiß

Dichte: 6,3

Kristallform: Orthorhombisch

Aussehen: Die glasig bis diamantartig glänzenden Kristalle des Anglesits können die unterschiedlichsten Formen annehmen: Tafelige und prismatische Kristalle mit rautenförmigem Umriss kommen ebenso vor wie Doppelpyramiden und dünne Nadeln. Auch körnige Aggregate treten auf sowie derbe Krusten auf Galenit. Die Kristalle können farblos und wasserklar, aber auch weiß, grau, gelblich oder bräunlich durchscheinend sein. Manchmal kann Anglesit durch Spuren von Galenit auch regelrecht schwarz gefärbt sein. Beim Zerschlagen zeigt Anglesit eine gewisse Spaltbarkeit nach der Basis, Bruchflächen sehen muschelig aus.

Vorkommen: Das Mineral tritt in der Oxidationszone von Bleierzlagerstätten auf, wo es als Zersetzungsprodukt von Galenit entsteht. Oft befindet es sich auch in Gesellschaft von Cerussit. In seltenen Fällen findet man es überdies an Austrittsstellen vulkanischer Gase.

Verwendung: Wo Anglesit in ausreichender Menge vorkommt, wird er als Bleierz abgebaut, meist aber nur zusammen mit anderen, wichtigeren Bleierzen.

Ähnliche Mineralien: Galenit lässt sich vom teilweise ähnlichen schwarzen Anglesit unschwer durch seine viel bessere Spaltbarkeit unterscheiden.

Dieser blassgelb gefärbte, etwa 1 cm große Anglesitkristall wurde in Littfeld im Siegerland gefunden.

Viterbo (Italien); Größe der kugeligen Aggregate bis zu 2,3 cm

Calcit, Kalzit, Kalkspat

$CaCO_3$ (Kalzium-Karbonat)

Strichfarbe: Weiß

Dichte: 2,6–2,8

Kristallform: Trigonal

Aussehen: Kein anderes Mineral zeigt eine derartige Vielfalt an Kristallformen wie Calcit. Zudem entwickelt er sehr oft vollkommen ausgebildete Kristalle. Es sind vor allem Rhomboeder sowie doppelpyramidenähnliche Kristalle, so genannte Skalenoeder, im Volksmund auch Hundezähne genannt. Aber auch dicke und dünne Tafeln, Prismen, Linsen oder Nadeln kommen vor. Verwachsungen zu so genannten Zwillingskristallen sind häufig. Ebenso finden sich strahlige, kugelige oder nierenförmige, manchmal auch stängelige oder faserige Aggregate. Auch die Tropfsteine in Karsthöhlen werden größtenteils aus Calcit gebildet, nicht selten weisen sie an ihren Enden deutliche Kristalle auf.

Während reiner Calcit farblos ist, verursachen Spuren verschiedener Metalle, die als Verunreinigungen in seinem Kristallgitter auftreten, die unterschiedlichsten Färbungen. Die Kristalle sind klar oder durchscheinend und zeigen einen unterschiedlich starken Glanz. Die Spaltbarkeit von Calcit ist vollkommen: Zerschlägt man ihn, zerspringt er in lauter kleine und kleinste Rhomboeder. Bruchflächen des Minerals haben ein spätiges bis muscheliges Aussehen.

In ungleich größeren Mengen als in seiner kristallinen Form tritt Calcit als derbe Masse und Gestein auf.

Skalenoeder sind eine charakteristische Kristallform des Calcits. (Bombay/Indien; Kristallgröße 4 cm)

Brasilien; Breite der Stufe 8 cm

Vorkommen: Nach Quarz ist Calcit das am weitesten verbreitete Mineral der Erdkruste. Es baut den größten Teil der Kalksteine und Marmore auf und kommt auch in vielen anderen Gesteinsarten vor. Die meisten Fossilien bestehen ebenfalls hauptsächlich aus Calcit. Kristallisierter Calcit ist an sehr vielen Stellen der Erde zu finden, vor allem in Drusen von Erzgängen, aber auch in Blasenhohlräumen vulkanischer Gesteine, in hydrothermalen Gängen und Klüften in Gesteinen.
Verwendung: Während man den gesteinsbildenden Kalkspat in großen Mengen in der Bau- und Zementindustrie verarbeitet, werden Calcitkristalle, insbesondere große amerikanische Fundstücke, gelegentlich zu facettierten Ziersteinen geschliffen. Aus gestreiften Calcit-Varietäten, fälschlich Onyx genannt, wurden bereits in der Antike Ziergegenstände gefertigt.
Besonderes: Sieht man durch klare Calcitstücke mit glatten Flächen, wie sie vor allem auf Island gefunden werden, hindurch z. B. auf eine Schrift, so erscheint diese doppelt. Man nennt dieses Phänomen Doppelbrechung. Auch in New Mexico (USA) wird die spezielle Calcit-Varietät, der Doppelspat oder »Islandspat«, in großen Mengen gefunden. Er wurde und wird zu Brechungslinsen für optische Instrumente verarbeitet.

Ähnliche Mineralien: Quarz ist deutlich härter, Gips weicher als Calcit. Dolomit und Anhydrit kann man mit verdünnter Salzsäure von Calcit unterscheiden: Beide brausen mit kalter verdünnter Salzsäure nicht auf.

Bestimmungstipp:
Beträufelt man Calcit mit kalter verdünnter Salzsäure, löst er sich unter heftigem Aufbrausen auf.

Dieser rötliche Calcit, der einen 3 cm großen Zwillingskristall gebildet hat, stammt aus China.

Kanada; Durchmesser der Sonnen 1 cm

Bestimmungstipp: Dünne Blättchen des Astrophyllits lassen sich im Gegensatz zu denen des Glimmers nicht biegen, sondern brechen leicht.

Statt in sternförmigen Aggregaten kann der Astrophyllit auch in blättriger Form auftreten. (Halbinsel Kola/ Russland; Größe 2 cm)

Astrophyllit

$(K,Na)_3(Fe,Mn)_7Ti_2[(O,OH)_7/Si_8O_{24}]$ (Silikat)

Strichfarbe: Weiß
Dichte: 3,3–3,4
Kristallform: Triklin

Aussehen: Die blättrigen Kristalle des Astrophyllit sind meist zu sternförmigen Gruppen verwachsen. Die ses Erscheinungsbild ist so typisch, dass es dem Mine ral seinen Namen gab: *Asteron* ist das griechische Wor für Stern, *phyllon* für Blatt. Doch auch einzelne tafelig Kristalle treten auf. Die Färbung variiert von Bronze braun bis Goldgelb, manchmal mit olivgrünem Ton, de Glanz erinnert an Perlmutt, Glas oder Metall. Dünn Blättchen des Minerals sind durchscheinend. Astro phyllit spaltet sehr leicht, die entstehenden Blättche sind sehr brüchig. Auch die Bruchflächen haben ei blättriges Aussehen.

Vorkommen: Man findet das seltene Mineral einge wachsen oder in kleinen Hohlräumen in magmatische Gesteinen, besonders in Pegmatiten und Syeniten. Hie befindet es sich praktisch immer in Gesellschaft vo Quarz und Feldspat.

Besonderes: Während Astrophyllit weltweit recht sel ten ist, bestehen auf der Kola-Halbinsel in Russlan gleich ganze Felsen aus diesem Mineral.

Ähnliche Mineralien: Feinblättriger Astrophyllit kan mit Glimmer verwechselt werden. Doch sind die Spalt blättchen des Glimmers nicht spröde, sondern biegsam

Dreislar (Sauerland); Größe der Stufe 12 cm

Baryt bildet häufig tafelige Kristalle. (Pöhla/Sachsen; Höhe der Kristalle 3 cm)

Baryt, Schwerspat

$BaSO_4$ (Barium-Sulfat)

Strichfarbe: Weiß

Dichte: 4,5

Kristallform: Orthorhombisch

Aussehen: Überwiegend bildet Baryt tafelige Kristalle, seltener prismatische, nadelige oder säulenförmige. Häufig sind sie fächerförmig oder hahnenkammartig angeordnet. In Sand treten auch blütenförmige Aggregate, so genannte Barytrosen, auf. An manchen Stellen formt das Mineral kugelige Knollen. In großer Menge kommt es auch in derber Form vor. Reiner Baryt ist farblos bis weiß, verschiedene Verunreinigungen im Kristallgitter können ihn aber gelb, rötlich oder blau färben. Seine Spaltbarkeit ist vollkommen, Bruchflächen sehen spätig bis muschelig aus.

Vorkommen: Man findet Baryt vor allem in hydrothermalen Gängen, wo er in Drusen oft schöne Kristalle ausbildet. Ebenso kann er als Kugeln oder Knollen in Sandstein und anderen Sedimenten eingeschlossen sein.

Verwendung: Baryt stellt das bedeutendste Bariumerz dar und liefert damit einen wichtigen technischen Rohstoff, der unter anderem für die Herstellung von Farben, in der Papier- und Keramikindustrie und in der Röntgenmedizin gebraucht wird.

Besonderes: 1630 erwärmte der italienische Naturforscher Vincenzo Cascariolo eine kugelige Barytknolle und stellte fest, dass diese anschließend im Dunkeln leuchtete. Dies war die Entdeckung der Phosphoreszenz.

Bestimmungstipp:
Baryt trägt seinen deutschen Namen Schwerspat nicht von ungefähr: Nimmt man Stücke in die Hand, fällt das ungewöhnliche Gewicht dieser Kristalle auf, das eher dem von Eisenerzen gleicht.

Rüdersdorf bei Berlin; Kristallgröße 2 cm

Bestimmungstipp:
In Drusen in Sedimentgesteinen ist Coelestin deutlich häufiger als der sehr ähnliche, aber schwerere Baryt.

Coelestin

$SrSO_4$ (Strontium-Sulfat)

Strichfarbe: Weiß

Dichte: 3,9–4,0

Kristallform: Orthorhombisch

Aussehen: Die durchsichtigen bis durchscheinenden, tafeligen oder prismatischen Kristalle des Coelestins können farblos oder weiß, blau, rötlich, grünlich oder bräunlich gefärbt sein. Sie glänzen wie Glas oder Perlmutt und lassen sich nach der Basis vollkommen spalten. Außer als Kristalle kommt Coelestin auch in faseriger, körniger oder erdiger Form vor. Bruchflächen des Minerals sind uneben.

Vorkommen: Das Mineral tritt sowohl in hydrothermalen Gängen als auch in Blasenhohlräumen vulkanischer Gesteine auf, ebenso in Sedimenten wie Kalken und Mergeln, wo es aus den Hartteilen urzeitlicher Einzeller entstand.

Verwendung: Coelestin ist einer der wichtigsten Strontiumrohstoffe, der in der chemischen und Lebensmittelindustrie sowie zur Herstellung von Feuerwerkskörpern Verwendung findet. In der Glas- und Keramikindustrie werden Strontiumverbindungen gebraucht, um irisierende Oberflächen zu erzeugen.

Ähnliche Mineralien: Baryt sieht zwar oft sehr ähnlich aus, wiegt in der Hand aber deutlich schwerer. Gips ist weicher als Coelestin, und Calcit braust im Gegensatz zu diesem mit verdünnter Salzsäure.

Dieser gut ausgebildete Coelestinkristall wurde in Lenggries in Bayern gefunden. (Größe 7 mm)

Cornwall (Großbritannien); Länge der Kristalle bis zu 5 cm

Cerussit

$PbCO_3$ (Blei-Karbonat)
Strichfarbe: Weiß
Dichte: 6,4–6,6
Kristallform: Orthorhombisch
Aussehen: Das von den Bergleuten als Weißbleierz oder Bleiweiß bezeichnete Mineral kann farblos durchsichtig oder durchscheinend weiß, grau, gelb oder bräunlich auftreten. Durch Einlagerungen von Galenit kommt es auch zu schwärzlich verfärbten Stücken, die dann Schwarzbleierz genannt werden. Die zumeist prismatischen oder tafeligen Kristalle sind häufig knieförmig, manchmal auch sternförmig oder wabenartig verwachsen. Sie zeigen unterschiedlichen Glanz, von Fett- bis Diamantglanz. Außer in gut ausgebildeten Kristallen tritt das Mineral ebenso in nieriger, krustiger oder erdiger Form auf. Bruchflächen sehen muschelig aus, eine Spaltbarkeit ist nur schlecht erkennbar.
Vorkommen: Cerussit findet sich in der Oxidationszone von Bleierzgängen. Er entsteht als Verwitterungsprodukt von Galenit und kommt daher meist zusammen mit diesem vor. Weitere typische Begleitmineralien sind Pyromorphit, Smithsonit und Anglesit.
Verwendung: Wo er in entsprechend großer Menge vorkommt, wird Cerussit als Bleierz abgebaut.

Ähnliche Mineralien: Calcit und Aragonit können mit Cerussit verwechselt werden, brausen im Gegensatz zu diesem aber unter verdünnter Salzsäure auf.

Bestimmungstipp:
Die charakteristischen stern- und wabenförmigen Kristallgebilde des Cerussits unterscheiden ihn von allen ähnlichen Mineralien.

Cerussitkristalle fallen oft durch ihren starken Glanz auf. (Siegerland; Größe des Kristalls 1 cm)

Bestimmungstipp: Seine charakteristische rechtwinklige Spaltbarkeit in lauter quaderförmige Stücke macht Anhydrit unverwechselbar.

Hartenstein bei Aue (Sachsen); Kristallgröße 5 cm

Anhydrit

$CaSO_4$ (Kalzium-Sulfat)

Strichfarbe: Weiß

Dichte: 3,0

Kristallform: Orthorhombisch

Aussehen: Überwiegend tritt das Mineral in derber Form auf und bildet körnige, faserige oder kugelige Aggregate. Kristalle sind gewöhnlich tafelig oder prismatisch. Üblicherweise ist Anhydrit farblos oder weiß, er kann aber auch grau, blau, rötlich oder blassviolett gefärbt sein. Je nach ihrer Transparenz zeigen die Stücke glasigen oder perlmuttartigen Glanz. Beim Zerschlagen spalten sie in lauter rechtwinklige, quaderförmige Spaltstücke. Bruchflächen sehen spätig aus.

Vorkommen: Die großen Lagerstätten des Anhydrits entstanden einst durch Ausfällung aus Meerwasser, ähnlich den Lagerstätten von Steinsalz und Gips, mit denen er auch meist gemeinsam vorkommt. Daneben tritt er auch in hydrothermalen Gängen und alpinen Klüften auf.

Verwendung: Industriell dient Anhydrit unter anderem als Rohstoff zur Herstellung von Schwefelsäure. Gelegentlich wird das Mineral auch in der Innenarchitektur als Zierstein eingesetzt.

Besonderes: Durch Wasseraufnahme kann sich Anhydrit allmählich in Gips umwandeln.

Ähnliche Mineralien: Calcit sieht oft sehr ähnlich aus, braust anders als Anhydrit aber mit verdünnter Salzsäure auf. Gips hat eine geringere Härte als Anhydrit.

Neben prismatischen kommen bei Anhydrit oft tafelige Kristallformen vor. (Toskana; Kristallgröße 2 cm)

Kobaltadamin; Mexiko; Größe der Kristalle 2 cm

Bestimmungstipp: Kupferfreier, farbloser bis gelber Adamin fluoresziert intensiv bei Bestrahlung mit UV-Licht.

Adamin

$Zn_2(OH/AsO_4)$ (Zink-Arsenat)

Strichfarbe: Weiß

Dichte: 4,3–4,5

Kristallform: Orthorhombisch

Aussehen: Die meist nur wenige Millimeter großen Kristalle des Adamins sind prismatisch bis nadelig, selten tafelig. Sie glänzen wie Glas. Häufig sitzen sie in strahliger Anordnung beieinander. Das Mineral bildet auch Krusten sowie nierenförmige oder kleinkörnige Aggregate. Meist erscheint es farblos, in verschiedenen Gelbtönen oder braun. Kupferhaltiger Adamin, Cuproadamin genannt, ist hingegen intensiv grün, kobalthaltige Stücke, die als Kobaltadamin bezeichnet werden, sind rosa bis violett gefärbt. Nickeladamin bildet gelblich grüne Kristalle. Die Spaltbarkeit des spröden Minerals ist vollkommen, Bruchflächen sehen muschelig aus. Dies ist aber bei den nadeligen Kristallen oft nicht erkennbar.

Vorkommen: Das seltene Mineral findet sich in der Oxidationszone von Zinklagerstätten, wo es häufig zusammen mit zahlreichen anderen Zink-Oxidationsmineralien auftritt.

Ähnliche Mineralien: Olivenit ist gewöhnlich dunkler grün, manchmal aber von Cuproadamin mit einfachen Mitteln nicht zu unterscheiden. Einen Hinweis auf dessen Identität als Adamin gibt jedoch sein gemeinsames Vorkommen mit zinkhaltigen Mineralien wie Smithsonit, Hemimorphit oder Aurichalcit.

Adaminkristalle sehen gewöhnlich so glänzend und transparent wie Glas aus. (Mexiko; Durchmesser des Aggregats 1,6 cm)

Bestimmungstipp:
Die typische Färbung des Ludlamits in Kombination mit seiner vollkommenen Spaltbarkeit nach der Basis lässt keine Verwechslung zu.

Cornwall (Großbritannien); Kristallgröße 1 cm

Ludlamit

$Fe_3[PO_4]_2 \cdot 4H_2O$ (Eisen-Phosphat)

Strichfarbe: Weiß

Dichte: 3,1

Kristallform: Monoklin

Aussehen: Die meist oktaederähnlichen, seltener tafeligen Kristalle des Ludlamits glänzen wie Glas und sind hellgrün bis apfelgrün gefärbt, machmal auch grünlich weiß oder sogar farblos. Auch derbe oder spätige Massen kommen vor. Das spröde Mineral zeigt eine vollkommene Spaltbarkeit nach der Basis, seine Bruchflächen sind uneben.

Vorkommen: Einesteils tritt das seltene Mineral in phosphathaltigen Pegmatiten als Verwitterungsprodukt von Eisenphosphatmineralien auf, andernteils in der Oxidationszone hydrothermaler Erzlagerstätten. Typische Begleitmineralien sind unter anderem Vivianit und Pyrit.

Verwendung: Ludlamit kommt eher selten und wenn, dann immer nur in sehr geringen Mengen vor, sodass sich eine wirtschaftliche Nutzung dieses Eisen-Phosphats nicht lohnt.

Besonderes: Auf den Spaltflächen weist der Ludlamit einen ganz typischen perlmuttartigen Glanz auf. Ist Luft zwischen die einzelnen Spaltschichten eingedrungen, zeigen sich durch Brechung des Lichts an den dünnen Luftschichten bunte irisierende Farben.

Ähnliche Mineralien: Vivianit ist deutlich blaugrün bis blau gefärbt und überdies weicher.

Eine apfelgrüne Färbung ist charakteristisch für den seltenen Ludlamit. (Spanien; Kristallgröße 1 cm)

Eisenblüte; Schwaz (Tirol); Höhe der Stufe 6 cm

Bestimmungstipp:
Aragonit braust auf, wenn man ihn mit verdünnter Salzsäure beträufelt.

Aragonit

$CaCO_3$ (Kalzium-Karbonat)

Strichfarbe: Weiß

Dichte: 3,0

Kristallform: Orthorhombisch

Aussehen: Die glasartig glänzenden Aragonitkristalle können nadelig, prismatisch oder spatelförmig sein, zu Drillingen eng verwachsene Kristalle sehen wie sechseckige Prismen aus. Auch in strahliger oder körniger Form kommt das Mineral vor. Aragonit, der weißen Korallen gleicht, wird Eisenblüte genannt. Außer in Weiß und farblos tritt Aragonit auch in Grau, Rot, Blau, Gelb oder Rotviolett auf. Eine Spaltbarkeit ist bei dem muschelig brechenden Mineral nur undeutlich ausgeprägt.

Vorkommen: Man findet Aragonit in der Oxidationszone, in Drusen und Klüften von Ergussgesteinen oder in Tonen eingewachsen. Zudem trifft man ihn in den Ablagerungen heißer Quellen an, wo er ganze Sinterterrassen bilden kann.

Verwendung: Dichte Massen von Aragonit werden in polierter Form zu Schmuckstücken und anderen kunstgewerblichen Gegenständen verarbeitet. Auch Tischplatten oder Dekorsteine für innenarchitektonische Zwecke werden daraus gefertigt.

Ähnliche Mineralien: Alle ähnlichen Mineralien außer Calcit lassen sich von Aragonit durch die Salzsäureprobe unterscheiden. Calcit zeigt im Gegensatz zu Aragonit eine hervorragende Spaltbarkeit.

Durch gesetzmäßige Verwachsung von jeweils drei Kristallen kann Aragonit sechsseitige Säulen bilden. (Spanien; Höhe der Kristallsäulen 5 cm)

Siegerland; Größe der Kristalle 1 cm

Pyromorphit

$Pb_5[Cl/(PO_4)_3]$ (Blei-Phosphat)

Strichfarbe: Weiß

Dichte: 6,7 – 7,0

Kristallform: Hexagonal

Aussehen: Zumeist ist Pyromorphit grün oder braun gefärbt. Entsprechend wird er von den Bergleuten Grünbleierz oder Braunbleierz genannt. Doch auch in Orange, Weiß oder farblos tritt er auf. Seine prismatischen Kristalle sind vorwiegend säulenförmig ausgebildet. Oft wölben sich die Prismenflächen nach außen, sodass tönnchenförmige Gebilde entstehen. Weil diese Ausbildung für das Bergbaugebiet von Bad Ems charakteristisch ist, werden derartige Pyromorphitkristalle im Volksmund Emser Tönnchen genannt. Auch nadelige Kristalle kommen vor, häufig in größerer Zahl nebeneinander oder radialstrahlig angeordnet. Ebenso tritt das Mineral in kugeligen oder nierenförmigen Aggregaten, Krusten oder in erdiger Form auf. Es zeigt Fettglanz, einen muscheligen Bruch und keinerlei Spaltbarkeit.

Vorkommen: Pyromorphit tritt in der Oxidationszone von Bleilagerstätten aller Art auf, insbesondere in den obersten Schichten.

Verwendung: Lange schon ist das Mineral als Bleierz bekannt, es kommt aber selten in so großen Mengen vor, dass es wirtschaftliche Bedeutung hat.

Ähnliche Mineralien: Mimetesit lässt sich von Pyromorphit mit einfachen Mitteln oft nicht unterscheiden.

Je nach seiner Farbe wird der Pyromorphit mit deutschem Namen Grün- oder Braunbleierz genannt. (Siegerland; Durchmesser der Kugeln 5 mm)

Thailand; Länge der Kristalle bis zu 1 cm

Mimetesit

$Pb_5[Cl/(AsO_4)_3]$ (Blei-Arsenat)
Strichfarbe: Weiß
Dichte: 7,1
Kristallform: Hexagonal
Aussehen: Die Farbpalette von Mimetesit reicht von Gelb über Braun, Grün und Orange bis Grau und Weiß, auch farblos tritt er auf. Seine unterschiedlich glänzenden, prismatischen Kristalle sind durch Krümmung der Prismenflächen oft tönnchenförmig bis kugelig ausgebildet. Ebenso kommen nicht selten tafelige oder nadelige Kristalle sowie Krusten oder nierenförmige Aggregate vor. Bruchflächen des spröden Minerals sehen muschelig aus, eine Spaltbarkeit ist nicht zu erkennen.
Vorkommen: Das Auftreten von Mimetesit beschränkt sich auf die Oxidationszone solcher Bleilagerstätten, die auch arsenhaltige Mineralien enthalten. Insgesamt ist Mimetesit deutlich seltener als das Blei-Phosphat Pyromorphit.
Besonderes: Mimetesit und Pyromorphit sind sich in ihrer Kristallstruktur so ähnlich, dass es zur Bildung von Mischkristallen kommt. Es handelt sich um rundliche oder tönnchenförmige, orangerote Kristalle, die als Kampylit bezeichnet werden.

Ähnliche Mineralien: Apatit sieht oft sehr ähnlich aus, ist aber deutlich härter. Von Pyromorphit ebenso wie von Vanadinit lässt sich Mimetesit mit einfachen Mitteln häufig nicht unterscheiden.

Bestimmungstipp:
Einen Hinweis auf die Identität von Mimetesit gibt dessen gemeinsames Auftreten mit anderen arsenhaltigen Mineralien.

Besonders häufig kommt Mimetesit in verschiedenen Gelbtönen vor. (Mexiko; Größe der Kugeln 5 mm)

Bestimmungstipp:
Kristallaggregate, die an Getreidegarben oder an Knochen erinnern, sind charakteristisch für den Stilbit.

Tessin; Größe der Garbe 2,5 cm

Stilbit, Desmin

$Ca[Al_2Si_7O_{18}] \cdot 7H_2O$ (Kalzium-Silikat)

Strichfarbe: Weiß

Dichte: 2,1–2,2

Kristallform: Monoklin

Aussehen: Charakteristisch für Stilbit sind garben- oder bündelförmige, bisweilen knochenähnliche Aggregate, in denen zahlreiche Einzelkristalle so miteinander verwachsen sind, dass jeder nur in einem geringen Winkel gegen den benachbarten Kristall versetzt ist. Aber auch radialstrahlige oder kugelige Bildungen treten auf. Selten kommt das Mineral in derber Form oder eingewachsen vor. Stilbit kann farblos, weiß, gelb oder braun sein, er zeigt einen glas- oder perlmuttartigen Glanz und vollkommene Spaltbarkeit. Bruchflächen des spröden Minerals sind uneben.

Vorkommen: Stilbit findet sich in vulkanischen Gesteinen, in Drusen und Klüften von Pegmatiten, Graniten und anderen magmatischen Gesteinen, ebenso in alpinen Klüften. Nicht zuletzt tritt er auf Erzgängen auf, so etwa in St. Andreasberg im Harz. Typische Begleitmineralien sind unter anderem Calcit und Heulandit.

Besonderes: Erst mit modernen Analyseverfahren erkannte man, dass Stilbit und Desmin, die bis dahin für zwei verschiedene Mineralien gehalten wurden, in Wirklichkeit ein und dieselbe Art sind. Der Name Desmin leitet sich von der typischen Ausbildung des Minerals ab: Das griechische Wort *desme* bedeutet nichts anderes als Bündel oder Garbe.

Die prismatischen Kristalle des Stilbits sind sehr oft zu garbenförmigen Bündeln angeordnet. (St. Andreasberg/Harz; Höhe der Kristallgarbe 1 cm)

Siegerland; Größe der Kristalle 5 mm

Bestimmungstipp: An seiner rosenroten Färbung und den oft mehr oder weniger gerundeten Kristallen ist Rhodochrosit gewöhnlich leicht zu erkennen.

Rhodochrosit, Manganspat

$MnCO_3$ (Mangan-Karbonat)

Strichfarbe: Weiß

Dichte: 3,3–3,6

Kristallform: Trigonal

Aussehen: Meist ist Rhodochrosit, auch Manganspat genannt, rosafarben bis hellrot getönt, oft mit deutlicher Bänderung. Gelegentlich kommt er auch gelbgrau oder bräunlich vor. Die wie Glas glänzenden, überwiegend rhomboedrischen Kristalle sind häufig an den Kanten gerundet. Gewöhnlich ist das Mineral undurchsichtig, selten durchscheinend bis durchsichtig. Oft tritt es als derbe Kruste oder in tropfstein- oder nierenförmiger Gestalt auf. Kugelige Aggregate sind unter dem Namen **Himbeerspat** bekannt. Das spröde Mineral spaltet sehr leicht nach dem Grundrhomboeder, seine Bruchflächen sind uneben.

Vorkommen: Rhodochrosit findet sich vor allem in hydrothermalen Erzgängen. Häufig tritt er auch in vulkanischen Gesteinen zusammen mit Wolframmineralien, etwa Wolframit, auf, ebenso in Form von Linsen oder Lagern in metamorphen Gesteinen.

Verwendung: Insbesondere gebänderte Varietäten des Rhodochrosits werden zu Schmuckkugeln, Schalen oder Ziergegenständen geschliffen, selten werden ganz klare Kristalle auch facettiert.

Ähnliche Mineralien: Im Gegensatz zu Rhodochrosit braust Calcit mit kalter verdünnter Salzsäure.

So gut ausgebildete Kristalle wie dieses 2 cm große Exemplar aus Peru sind bei Rhodochrosit vergleichsweise selten.

Siegerland; Größe der Stufe 6 cm

Dolomit

$CaMg(CO_3)_2$ (Kalzium-Magnesium-Karbonat)

Strichfarbe: Weiß

Dichte: 2,9

Kristallform: Trigonal

Aussehen: Überwiegend tritt Dolomit in körnigen bis dichten Massen auf. Kristalle kommen fast nur in der Grundform des Rhomboeders vor, oft mit sattelförmig gekrümmten Flächen. Sie glänzen wie Glas. In seiner Färbung variiert das Mineral von Weiß über Grau und Bräunlich bis zu fast reinem Schwarz. Beim Zerschlagen spaltet es sich vollkommen nach dem Rhomboeder, Bruchflächen der Aggregate sehen spätig aus.

Vorkommen: Dolomit ist ein überaus häufiges, gesteinsbildendes Mineral, aus dem ganze Bergmassive bestehen. In hydrothermalen Gängen tritt es als erzbegleitendes Mineral oder in Drusen auf. Kristalle findet man oft auf Klüften von Dolomitgestein.

Verwendung: In gebrannter Form findet Dolomit Anwendung als feuerfeste Auskleidung von Schmelz- und Brennöfen, zermahlen stellt er ein wertvolles mineralisches Düngemittel dar.

Besonderes: Unter UV-Licht zeigt Dolomit teilweise eine starke Fluoreszenz.

Ähnliche Mineralien: Der äußerlich oft schwer unterscheidbare Calcit braust im Gegensatz zu Dolomit bereits mit kalter Salzsäure. Quarz ist deutlich härter, Gips weicher als Dolomit.

In reiner Ausbildung ist Dolomit weiß, Verunreinigungen färben die Kristalle aber oft dunkel. (Hartenstein bei Aue/Sachsen; Größe der Kristalle 3 mm)

Fassatal (Italien); Größe der Kristalle 1 cm

Heulandit

$Ca[Al_2Si_7O_{18}]\cdot 6H_2O$ (Kalzium-Silikat)
Strichfarbe: Weiß
Dichte: 2,2
Kristallform: Monoklin
Aussehen: Heulandit kristallisiert ausschließlich in dünneren oder dickeren, meist lang gestreckten Tafeln, die durchsichtig oder durchscheinend sein können. Vorwiegend sind sie einzeln auf andere Mineralien oder Gestein aufgewachsen. Manchmal bildet er auch blättrige oder spätige Aggregate. Er kann nicht nur farblos oder weiß sein, sondern auch gelblich bis gelbbraun oder rot. Sein Glanz erinnert an Glas, auf Spaltflächen an Perlmutt. Die Spaltbarkeit ist vollkommen, Bruchflächen sind uneben.
Vorkommen: Man findet das auf der ganzen Welt verbreitete, aber nirgendwo häufige Mineral in Drusen von Pegmatiten, auf Erzgängen oder in Blasenhohlräumen vulkanischer Gesteine, oft zusammen mit Stilbit.
Verwendung: Wie bei allen so genannten Zeolithen, zu denen außer Heulandit auch z. B. Stilbit gehört, entweicht das Wasser aus dem Kristallgitter des Heulandits leicht und kann durch andere flüssige oder gasförmige Stoffe ersetzt werden. Aufgrund dieser Fähigkeit wird er in der Technik als wirksamer Filter zur Beseitigung von Schadstoffen eingesetzt.

Ähnliche Mineralien: Stilbit kann sehr ähnlich aussehen, hat aber eine andere Kristallform.

Heulanditkristalle sind sehr häufig einzeln auf ihre Unterlage aufgewachsen. (Tessin/Schweiz; Größe des Kristalls 2 cm)

Poona (Indien); Größe des Aggegrats 3 cm

Bestimmungstipp: Seine intensiv blaue Farbe und das Vorkommen in Hohlräumen vulkanischer Gesteine kennzeichnen den Cavansit eindeutig.

Der intensive Blauton des Cavansits geht häufig ins Türkis. (Poona/Indien; Breite der Stufe 5 cm)

Cavansit

$Ca[VO/Si_4O_{10}] \cdot 4H_2O$ (Kalzium-Silikat)

Strichfarbe: Bläuliches Weiß

Dichte: 2,6

Kristallform: Orthorhombisch

Aussehen: Cavansit bildet nadelige bis dünn- oder dicktafelige Kristalle, die oft zu Rosetten oder gar kugeligen Aggregaten verwachsen sind. Ganz typisch für den Cavansit ist seine intensiv blaue Farbe, die manchmal auch einen leichten Stich ins Grüne aufweist. Das Mineral hat eine gute Spaltbarkeit und einen unebenen Bruch. Auf den Spaltflächen kann der sonst glasige Glanz perlmuttartig aussehen.

Vorkommen: Cavansit kommt ausschließlich in Hohlräumen vulkanischer Gesteine vor, wo er mit Stilbit, Heulandit oder Apophyllit vergesellschaftet ist. Da diese Mineralien immer mehr oder weniger farblos oder weiß gefärbt sind, stechen selbst winzigste Kristalle von Cavansit durch ihre intensiv blaue Farbe sogleich aus dem farblosen oder weißen Hintergrund heraus.

Besonderes: Cavansit galt bis vor kurzer Zeit als ein extrem seltenes Mineral. Er wurde weltweit nur in ganz kleinen Kristallen in zwei amerikanischen Vorkommen gefunden. Vor einigen Jahren jedoch entdeckte man in den riesigen Basaltbrüchen in der Nähe der indischen Großstadt Poona Cavansit in beträchtlichen Mengen. Zudem sind die Kristalle dort nicht klein wie in den USA, sondern es konnten Cavansikristalle von bis zu 2 cm Länge zutage gefördert werden.

Pleystein (Bayern); Größe des Kristalls 8 mm

Strengit

$FePO_4 \cdot 2H_2O$ (Eisen-Phosphat)

Strichfarbe: Weiß

Dichte: 2,9

Kristallform: Orthorhombisch

Aussehen: Strengit bildet zumeist nur sehr kleine, tafelige Kristalle oder radialstrahlige und runde Aggregate. Auch in Form von Krusten und feinen Überzügen über anderen Mineralien kommt er vor. Seine Färbung kann rot- oder blauviolett, rosa bis rot, gelb oder weiß sein, manchmal tritt er auch farblos auf. Stets zeigt Strengit einen Glasglanz. Er lässt sich vollkommen spalten, Bruchflächen sind muschelig.

Vorkommen: Das seltene Mineral findet sich in Lagerstätten von phosphorhaltigem Eisenerz, bei dessen Verwitterung es entsteht, sowie in phosphathaltigen Pegmatiten, wo es sich aus anderen Phosphatmineralien bildet. Mineralien, die häufig gemeinsam mit Strengit vorkommen, sind z. B. Strunzit und Wavellit.

Besonderes: Einige der schönsten Strengit-Kristallstufen der Welt wurden in Bayern gefunden: Der Kreuzberg, ein von einer Kapelle gekrönter Quarzfelsen mitten im ostbayerischen Ort Pleystein, enthielt Hohlräume, in denen bis zu 5 cm große, amethystfarbene Kristalle aufgewachsen waren. Heute kann man dort allerdings nichts mehr finden, der Fels steht unter Naturschutz.

Ähnliche Mineralien: Der ähnlich gefärbte Amethyst ist deutlich härter als Strengit.

Strengit kommt oft in kleinen, kugeligen Aggregaten vor. (Schweden; Größe der Kugeln 5 mm)

Bestimmungstipp: Dichte radialstrahlige Aggregate mit sehr feinen Kristallnadeln sind charakteristisch für Wavellit.

Devon (Großbritannien); Durchmesser des Aggregats 2 cm

Wavellit

$Al_3[(OH)_3/(PO_4)_2] \cdot 5H_2O$ (Aluminium-Phosphat)

Strichfarbe: Weiß

Dichte: 2,3–2,4

Kristallform: Monoklin

Aussehen: Wavellit bildet charakteristische Strahlenscheiben sowie halbkugelige oder kugelige, manchma auch traubenförmige Aggregate, die sich stets aus feinnadeligen bis faserigen Kristallen zusammensetzen Sie können farblos oder weiß, gelb oder grün, nicht selten auch zweifarbig sein und zeigen einen glasartiger oder seidigen Glanz. Bruchstücke des spröden Minerals haben unebene Flächen, eine Spaltbarkeit ist wegen der Feinheit der Kristalle nicht erkennbar.

Vorkommen: Man findet das Mineral vorwiegend au Klüften von Kieselschiefer, zersetztem Granit oder Kalkstein. Begleitet wird es oft von Strengit oder Kakoxen.

Verwendung: An einigen Fundstellen in den USA, ar denen Wavellit in größerer Menge vorkommt, wird e zur Gewinnung von Phosphat abgebaut. Früher wurde dieses vor allem zur Fertigung von Streichhölzern gebraucht, heute verarbeitet man das Mineral in erste Linie zu Phosphatdünger.

Ähnliche Mineralien: Insbesondere kugelige Aggregate von Natrolith, Calcit und Aragonit lassen sich mit Wavellit verwechseln, doch Natrolith ist härter als diese und die beiden Letzteren brausen im Gegensatz zu Wavellit, wenn man sie mit verdünnter Salzsäure betupft.

Vor allem zweifarbige Exemplare der strahligen Wavellitaggregate sehen äußerst attraktiv aus. (Arkansas/USA; Länge der Nadeln 1 cm)

Cornwall (Großbritannien); Länge der einzelnen Kristalle 2–3 mm

Strunzit

$MnFe_2[OH/PO_4]_2$ (Mangan-Eisen-Phosphat)

Strichfarbe: Weiß

Dichte: 2,5

Kristallform: Triklin

Aussehen: Das strohgelbe Mineral tritt in feinnadeligen bis haarförmigen, glänzenden Kristallen auf, in seltenen Fällen können sie auch prismatische Form haben. Die spröden Nadeln brechen leicht ab, eine Spaltbarkeit ist wegen ihrer Feinheit nicht zu erkennen.

Vorkommen: Bei Strunzit handelt es sich um ein oberflächennahes Verwitterungsprodukt in phosphathaltigen Pegmatiten sowie in Brauneisenlagerstätten. Begleitmineralien sind z. B. Apatit, Vivianit oder Strengit. Wichtigster Fundort dieses Minerals ist der Pegmatit von Hagendorf in Ostbayern, wo es durch die Verwitterung vorher gebildeter Phosphatmineralien entstanden ist.

Besonderes: Strunzit wurde nach einem berühmten deutschen Mineralogen benannt: Hugo Strunz hat in den Vierzigerjahren des 20. Jahrhunderts die kristallchemische Systematik der Mineralien begründet und viele Mineralien als Erster beschrieben. Neben Strunzit gibt es auch die kein Mangan enthaltenden, sonst aber gleich zusammengesetzten Mineralien Ferrostrunzit und Ferristrunzit, die nicht leicht zu unterscheiden sind.

Ähnliche Mineralien: Kakoxen ist gewöhnlich kräftiger goldgelb gefärbt, oft aber mit einfachen Mitteln von Strunzit nicht zu unterscheiden.

Die Kristallnadeln dieses Aggregats aus Cornwall (Großbritannien) sind etwa 5 mm lang – für Strunzit eine beachtliche Länge.

Hocharn (Österreich); Größe der Kristalle 1 cm

Fluorit, Flussspat

CaF_2 (Kalzium-Fluorid)

Strichfarbe: Weiß

Dichte: 3,1 – 3,2

Kristallform: Kubisch

Aussehen: Gut ausgebildete Kristalle in der Form von Würfeln oder Oktaedern kommen bei Fluorit sehr oft vor, ebenso Kombinationen beider Formen untereinander oder mit anderen Kristallformen. Die Würfelflächen sind häufig parkettiert. Auch in strahliger, nierenförmiger oder derber Ausbildung tritt Fluorit auf. Das wie Glas glänzende Mineral weist eine breite Farbpalette auf, die von Weiß über Rosa, Gelb und Braun bis Grün, Blau und Violett reicht. Nicht selten zeigen einzelne Kristalle zwei oder mehr Farben. Völlig klare, farblose Stücke sind hingegen selten. Durch Zerfall radioaktiver Verunreinigungen können die Kristalle blauschwarz gefärbt sein und beim Anschlagen nach Fluorgas riechen. Man spricht dann von Stinkspat. Fluorit ist spröde, er spaltet vollkommen nach dem Oktaeder, Bruchstücke haben unebene Flächen.

Vorkommen: Fluorit tritt vor allem in hydrothermalen Gängen und Drusen in Kalkgestein sowie in Klüften von Silikatgesteinen auf, ebenso in Lagen von Sedimentgesteinen. Gewöhnlich findet er sich in Begleitung von Calcit, Baryt, Quarz und den verschiedensten Erzmineralien, insbesondere aber Zinnerzen. Hauptförderländer für industriell verarbeiteten Fluorit sind z. B. Mexiko, Thailand und China.

Vereinzelt bildet Fluorit sehr flächenreiche Kristalle wie dieses etwa 2 cm große Exemplar aus Asturien in Spanien.

Freiberg (Sachsen); Kristallgröße 3 cm

Bestimmungstipp: Auch ohne den Kristall zu zerschlagen, kann man bei würfeligen Fluoritkristallen oft die Spaltflächen, die die Ecken abschneiden, im Kristallinnern erkennen.

Verwendung: Der deutsche Namen Flussspat hat nichts mit Fließgewässern zu tun, sondern stammt von der Verwendung des Minerals im Hüttenwesen: Als so genanntes Flussmittel dem Erz zugesetzt, beschleunigt Fluorit die Schmelze. Heute dient Fluorit darüber hinaus hauptsächlich als Rohstoff für die Gewinnung von Fluor, das unter anderem zur Herstellung von Kunststoffen und Treibgasen eingesetzt wird. Außerdem verwendet man ihn in der Email- und Glasindustrie als Trübungsmittel. Reinste Kristalle werden zu optischen Linsen geschliffen, die UV-Licht durchlassen. Vereinzelt wird Fluorit auch zu Schmucksteinen verarbeitet.
Besonderes: Im antiken Griechenland und in Rom fertigte man aus Fluorit, der aus dem Gebiet des heutigen Iran eingeführt wurde, kostbare bunte Gefäße. Vor allem im Rom der Kaiserzeit waren diese »Murrhinischen Vasen« (von lateinisch *murrha,* der Fluorit) überaus geschätzt. Weil der Rohstoff aber knapp und teuer war, stellte man mit einer speziellen Technik Nachahmungen aus Glas her – wohl die ersten Edelsteinimitationen der Geschichte.
Bei Bestrahlung mit UV-Licht leuchtet Fluorit mit blauem bis violettem Ton auf. Der Begriff Fluoreszenz geht auf dieses Mineral zurück.

Ähnliche Mineralien: Von Apatit unterscheidet sich Fluorit in Kristallform und Spaltbarkeit, von Calcit und Quarz in der Härte. Halit schließlich ist wasserlöslich und schmeckt salzig.

Die rosafarbenen Fluorit-Oktaeder aus Göschenen in der Schweiz sind bei Sammlern besonders beliebt. (Kristallgröße bis zu 2 cm)

Neudorf (Harz); Größe der Stufe 6 cm

Siderit, Eisenspat

$FeCO_3$ (Eisen-Karbonat)

Strichfarbe: Weiß

Dichte: 3,7–3,9

Kristallform: Trigonal

Aussehen: Hauptsächlich ist das Mineral gelblich weiß oder gelbbraun bis dunkelbraun gefärbt, zuweilen durch Beimengungen auch schwärzlich, manchmal ist es bläulich oder metallisch bunt angelaufen. Sofern es Kristalle bildet, sind diese zumeist einfache Rhomboeder, oft mit sattelförmig gekrümmten Flächen, und glänzen wie Glas. Häufiger kommt Siderit jedoch in derber Form, als körnige Aggregate, Kugeln oder nierenförmige Gebilde vor. Bruchflächen des spröden Minerals haben eine spätige Struktur, Kristalle zeigen eine vollkommene Spaltbarkeit nach dem Rhomboeder.

Vorkommen: Man findet das Mineral in Pegmatiten und in hydrothermalen Gängen, große Lagerstätten entstanden durch Verdrängung von Kalken, auch Ansammlungen in Torfmooren sind nicht selten.

Verwendung: Siderit ist ein wichtiges Eisenerz.

Besonderes: Am Erzberg beim Ort Eisenerz in der Steiermark wurde bereits im 8. Jahrhundert Siderit abgebaut. Die Förderung des Erzes an diesem Berg, der praktisch ganz aus Siderit besteht, dauert bis heute an.

Ähnliche Mineralien: Calcit braust schon mit kalter verdünnter Salzsäure. Sphalerit unterscheidet sich von Siderit in seiner Spaltbarkeit.

Außer in schönen, durchscheinenden Kristallen kommt Siderit auch in knolligen Aggregaten vor, die oft metallisch angelaufen sind. (Siegerland; Größe des Aggregats 2 cm)

Brasilien; Höhe der Stufe 3 cm

Bestimmungstipp:
Im UV-Licht zeigt Magnesit manchmal eine starke bläulich oder grünlich weiße Fluoreszenz.

Magnesit

$MgCO_3$ (Magnesium-Karbonat)
Strichfarbe: Weiß
Dichte: 3,0
Kristallform: Trigonal
Aussehen: Überwiegend tritt Magnesit als derbe, körnige oder spätige Masse auf, gelegentlich bildet er aber auch durchscheinende Kristalle, die meist rhomboedrische Form haben und eingewachsen sind. Sie zeigen einen glasartigen Glanz und lassen sich vollkommen spalten, wobei wieder lauter Rhomboeder entstehen. Bruchflächen des spröden Minerals sehen spätig aus. Außer farblos und weiß kann Magnesit auch gelblich, bräunlich oder grau gefärbt sein.
Vorkommen: Das Mineral bildet große Verdrängungskörper in Dolomitgestein. Zudem findet man es in Talkschiefern. Typische Begleitmineralien sind Aragonit, Calcit, Dolomit, Apatit und Talk.
Verwendung: Magnesit stellt einen wichtigen feuerfesten Rohstoff dar. Außerdem dient er zur Herstellung von Porzellan, Keramik und speziellen Zementen.
Besonderes: Wegen des Elements Magnesium, dessen Salze bitter schmecken, wird Magnesit mit altem deutschem Namen auch Bitterspat genannt.

Ähnliche Mineralien: Calcit braust im Gegensatz zu Magnesit bereits mit kalter verdünnter Salzsäure. Dolomit ist etwas weicher, oft aber mit einfachen Mitteln nicht von Magnesit zu unterscheiden.

Häufiger als in Kristallen kommt Magnesit als derbe, körnige oder, wie hier, als spätige Masse vor. (Trieben/Österreich; Breite des Stücks 20 cm)

Siegerland; Größe des Aggregats 1 cm

Bestimmungstipp: Auch wenn an den Zwillingen des Phillipsits keine einspringenden Winkel auftreten, erkennt man auf den Endflächen an der Kristallspitze immer eine v-förmige Streifung.

Phillipsit

$KCa[Al_3Si_5O_{16}] \cdot 6H_2O$ (Silikat)

Strichfarbe: Weiß

Dichte: 2,2

Kristallform: Monoklin

Aussehen: Phillipsit bildet kleine, prismatische Kristalle, die beinahe immer zu so genannten Zwillingen oder Vierlingen verwachsen sind. Häufig sitzen sie in radialstrahligen oder kugeligen Aggregaten beieinander, fast ausschließlich sind sie aufgewachsen. Es handelt sich um ein durchsichtiges bis durchscheinendes Mineral mit Glasglanz. Meist ist es farblos oder weiß, es kann aber auch hellgrau, zartgelb, rötlich oder bläulich getönt sein. Unter der Lupe offenbart sich eine deutliche Spaltbarkeit sowie ein unebener Bruch.

Vorkommen: Man findet das Mineral in Blasenhohlräumen von vulkanischen Gesteinen, wo es oft die Hohlräume komplett auskleidet.

Verwendung: Das Kristallgitter des Phillipsits enthält Wasser, das sehr leicht entweicht und durch andere Flüssigkeiten oder Gase ersetzt werden kann, ohne dass der Gitterbau und die Kristallform verloren gehen. Daher verwendet man das Mineral gelegentlich als chemischen Filter.

Ähnliche Mineralien: Heulandit und Stilbit können mit Phillipsit verwechselt werden, unterscheiden sich von ihm aber durch ihre vollkommene Spaltbarkeit und den Perlmuttglanz auf den Spaltflächen.

Phillipsit bildet nur sehr kleine Kristalle. Diese kugeligen Aggregate aus dem Kaiserstuhlgebiet haben einen Durchmesser von 3 mm.

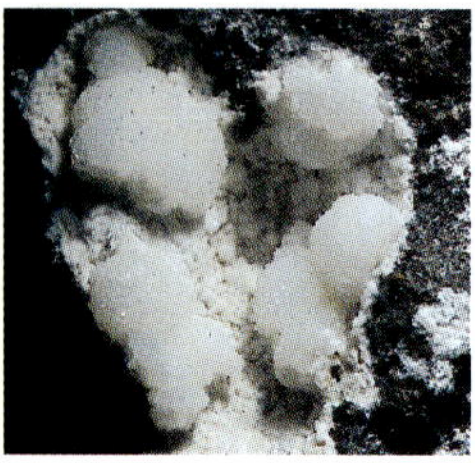

Tessin (Schweiz); Länge des Kristalls 2 cm

Bestimmungstipp:
Cyanit ist das einzige Mineral, bei dem die Ritzprobe eine sehr unterschiedliche Härte ergibt, je nachdem, ob man den Kristall in Längs- oder Querrichtung ritzt.

Cyanit, Kyanit, Disthen

$Al_2[O/SiO_4]$ (Silikat)

Strichfarbe: Weiß
Dichte: 3,6–3,7
Kristallform: Triklin

Aussehen: Cyanit bildet zumeist stängelige Kristalle, die wellig oder gedreht und radialstrahlig angeordnet sein können. Die durchsichtigen bis durchscheinenden Kristalle sind blau bis grau oder weißlich getönt, weisen eine deutliche Querstreifung auf und zeigen Glasglanz. Außerdem lassen sie sich vollkommen spalten. Bruchflächen sind uneben.

Vorkommen: Man findet das Mineral eingewachsen in metamorphen Gesteinen, insbesondere in Gneisen und Glimmerschiefern. Neben Quarz und Glimmer tritt häufig auch Staurolith an denselben Stellen wie Cyanit auf.

Verwendung: In der Technik dient das Mineral als Rohmaterial für hoch feuerfeste Stoffe sowie für säurefeste Keramiken. Durchsichtige Cyanite werden gelegentlich zu Schmucksteinen geschliffen.

Besonderes: Cyanit zeichnet sich durch eine unterschiedliche Härte aus, je nachdem, in welche Richtung man ihn ritzt: In Längsrichtung des Kristalls hat er Härte 4–4 1/2, quer dazu Härte 6–7. Von dieser Eigenschaft leitet sich einer der Namen des Minerals ab: *Dis* ist das griechische Wort für zweimal, *sthenos* für Härte. Den Namen Kyanit verdankt das Mineral hingegen seiner typischen Farbe, denn das griechische Wort *kyanos* bedeutet blau.

Cyanitkristalle kommen ausschließlich in Gestein eingewachsen vor. (Böhmerwald; Kristalllänge bis zu 8 cm)

Sibirien; Größe der Stufe 5 cm

Bestimmungstipp: Die Kombination von Kristallform und Glanz unterscheidet Apophyllit von seinen Begleitmineralien.

Apophyllit

$KCa_4[(F,OH)/(Si_4O_{10})_2] \cdot 8H_2O$ (Silikat)

Strichfarbe: Weiß

Dichte: 2,3–2,4

Kristallform: Tetragonal

Aussehen: Die Kristalle dieses Minerals sind beinahe stets aufgewachsen und sehen meist tafelig, würfelähnlich, prismatisch oder wie Doppelpyramiden aus. Sie glänzen wie Glas, auf der Basisfläche bzw. auf Spaltflächen hingegen wie Perlmutt. Neben farblosen Kristallen treten durchsichtige oder durchscheinende gelbe, grüne, braune oder rosafarbene Exemplare auf. Außer in gut ausgebildeten Kristallen kommt Apophyllit auch in blättrigen oder körnigen Aggregaten sowie in derber Form vor. Bruchflächen des spröden Minerals sehen uneben aus, die Spaltbarkeit nach der Basis ist vollkommen.

Vorkommen: Fundstellen von Apophyllit sind Blasenhohlräume in vulkanischen Gesteinen, Drusen und Klüfte von Erzgängen sowie alpine Klüfte. Als charakteristische Begleitmineralien finden sich dort oft auch Stilbit und Heulandit.

Verwendung: Klar durchsichtige Kristalle werden manchmal zu Sammlersteinen geschliffen.

Ähnliche Mineralien: Der gelegentlich ähnlich aussehende Calcit zeigt im Gegensatz zu Apophyllit keinen Perlmuttglanz auf den Spaltflächen. Stilbit und Heulandit besitzen andere Kristallformen.

Grüner Apophyllit wie diese 6 cm breite Stufe stammt besonders häufig aus Indien.

Sichuan (China); Kristallgröße 1,2 cm

Scheelit

$CaWO_4$ (Kalzium-Wolframat)
Strichfarbe: Weiß
Dichte: 5,9–6,1
Kristallform: Tetragonal
Aussehen: Das Mineral tritt vorwiegend als ein- oder aufgewachsene Doppelpyramiden auf, seltener als Pyramiden mit einer Basis oder aber dicktafelig. Auch derbe oder körnige Aggregate kommen vor. Die Färbung variiert: Scheelit kann farblos oder weiß sein, aber ebenso gelblich grau, orangegelb bis orangerot oder braun. Sein Glanz ist fettig. Bruchflächen des spröden Minerals sind muschelig, eine Spaltbarkeit ist zwar vorhanden, jedoch schwer erkennbar.
Vorkommen: Hauptsächlich findet sich Scheelit in Pegmatiten und pneumatolytischen Gängen, an einigen Stellen tritt er auch in hydrothermalen Golderzgängen und alpinen Klüften auf.
Verwendung: Scheelit wird als wichtiges Wolframerz gefördert. Wolfram dient vor allem als Legierungsmetall für Spezialstähle und für Glühfäden von Glühbirnen.
Besonderes: Der bisweilen noch gebrauchte Name Tungstein leitet sich von der schwedischen Bezeichnung *tung sten*, schwerer Stein, her und spielt auf das hohe spezifische Gewicht des Minerals an.

Ähnliche Mineralien: Anatas glänzt anders und fluoresziert im Gegensatz zu Scheelit nicht. Fluorit unterscheidet sich durch seine gute Spaltbarkeit von Scheelit.

Bestimmungstipp:
Unter UV-Licht zeigt Scheelit eine kräftige Fluoreszenz.

Tiefrot ist eine für Scheelit eher ungewöhnliche Färbung. (Ural; Breite der Stufe 6 cm)

Griechenland; Größe der Kristalle 2 cm

Bestimmungstipp: Massiver Smithsonit fühlt sich deutlich schwerer an als der ähnliche Calcit oder Aragonit.

Smithsonitkrusten zeigen oft eine nieren- oder traubenförmige Oberfläche. (Griechenland; Breite der Stufe 7,5 cm)

Smithsonit, Zinkspat

$ZnCO_3$ (Zink-Karbonat)

Strichfarbe: Weiß

Dichte: 4,3 – 4,5

Kristallform: Trigonal

Aussehen: In der Regel tritt Smithsonit in erdigen oder dichten Aggregaten, als Kruste mit nieren- oder traubenförmiger Oberfläche, in tropfsteinähnlichen Gebilden oder in schaligen Massen auf. Gut ausgebildete Kristalle sind ziemlich selten. Sie haben die Form von Rhomboedern oder Skalenoedern und sind oft gerundet. Die Farbpalette des wie Glas glänzenden Minerals reicht von Weiß über Grau, Gelb und Braun bis Rot, Grün und Blau. Auch klare, farblose Kristalle kommen gelegentlich vor. Beim Zerschlagen spaltet Smithsonit nach dem Rhomboeder, seine Bruchflächen sind uneben.

Vorkommen: Als typisches Verwitterungsmineral des Sphalerits ist der Smithsonit in der Oxidationszone zu finden. Er wird stets von anderen Zinkmineralien, etwa Aurichalcit oder Hemimorphit, von unverwittertem Sphalerit, aber auch von Bleierzen, beispielsweise Wulfenit, begleitet.

Verwendung: Smithsonit stellt ein bedeutendes Zinkerz dar. Bergmännisch wird er – zusammen mit Hemimorphit und anderen Zinkmineralien – Galmei-Erz genannt.

Ähnliche Mineralien: Calcit kann sehr ähnlich aussehen, braust im Gegensatz zu Smithsonit aber mit verdünnter Salzsäure.

Schwarzenberg (Erzgebirge); Druse etwa 3 cm breit

Bestimmungstipp: Hemimorphit ist fast immer mit anderen Zinkmineralien wie Smithsonit oder auch Aurichalcit vergesellschaftet.

Hemimorphit

$Zn_4[(OH)_2/Si_2O_7] \cdot H_2O$ (Zink-Silikat)

Strichfarbe: Weiß

Dichte: 3,3–3,5

Kristallform: Orthorhombisch

Aussehen: Hemimorphit, der mit deutschem Namen auch Kieselzinkerz heißt, kann farblos oder weiß, aber auch grünlich, braun oder gelblich gefärbt sein. Seine durchsichtigen bis durchscheinenden, wie Glas glänzenden Kristalle sind prismatisch bis nadelförmig oder tafelig, nicht selten strahlig oder fächerförmig angeordnet. Meist bildet das spröde Mineral jedoch Krusten oder kugelige, nierenförmige oder stängelige Aggregate. Es zeigt vollkommene Spaltbarkeit und muschelige Bruchflächen.

Vorkommen: Hemimorphit ist ein Mineral der Oxidationszone. Er findet sich vor allem in den oberflächennahen Bereichen von Zink- und Bleierzgängen, meist zusammen mit Smithsonit und Aurichalcit.

Verwendung: Als ein hauptsächlicher Bestandteil des so genannten Galmei-Erzes dient Hemimorphit zur Gewinnung von Zink, das unter anderem zur Herstellung von Messing benötigt wird. Aus schön gefärbten Varietäten des Minerals werden gelegentlich Schmuckstücke und kleine kunstgewerbliche Gegenstände gefertigt.

Ähnliche Mineralien: Baryt, der unter Umständen mit Hemimorphit verwechselt werden kann, wiegt in der Hand deutlich schwerer.

Hemimorphitkristalle kommen ausschließlich aufgewachsen vor. (Mexiko; Kristalllänge 2 cm)

Untersulzbachtal (Österreich); Kristallgröße 1 cm

Apatit

$Ca_5[(F,Cl)/(PO_4)_3]$ (Kalzium-Phosphat)

Strichfarbe: Weiß

Dichte: 3,2

Kristallform: Hexagonal

Aussehen: Das Mineral bildet prismatische, lang- bis kurzsäulige, tafelige, nadelige oder vielflächige, kugelig erscheinende Kristalle, die auf- oder eingewachsen sein können. Auch in derber Ausbildung kommt es vor. Ebenso vielfältig wie die Formen sind auch die Farben: Apatit kann gelb, grün, violett, blau, rot oder grau sein, dazu noch weiß oder farblos. Er glänzt wie Glas. Bruchflächen des spröden Minerals sehen muschelig aus, manchmal lässt sich eine Spaltbarkeit nach der Basis erkennen.

Vorkommen: In mikroskopisch feiner Verteilung ist Apatit Bestandteil aller magmatischen Gesteine. In deren Klüften und Hohlräumen finden sich frei gewachsene Kristalle des Minerals, ebenso in Pegmatiten und alpinen Klüften. In Sedimentgesteinen schließlich bildet es einzelne Klumpen und Lager.

Verwendung: Apatit wird großtechnisch abgebaut und zur Herstellung von Phosphatdünger verwendet.

Ähnliche Mineralien: Aufgrund seiner Vielgestaltigkeit kann Apatit den verschiedensten anderen Mineralien gleichen. Quarz, Beryll oder Phenakit sind aber z. B. härter als Apatit, wohingegen Calcit, Pyromorphit und Mimetesit weicher sind.

Apatit kann in den unterschiedlichsten Farben auftreten, darunter auch in Rot. (Pakistan; Kristallgröße 4 cm)

Bestimmungstipp: Charakteristisch für Titanit ist eine keilförmige Gestalt seiner Kristalle, die zudem häufig gesetzmäßig verwachsen sind.

Ural; Kristallgröße 3 cm

Titanit

$CaTi[O/SiO_4]$ (Kalzium-Titan-Silikat)

Strichfarbe: Weiß, manchmal bräunliches Weiß
Dichte: 3,4–6
Kristallform: Monoklin
Aussehen: Überwiegend kommt Titanit in Form von Kristallen vor, die zumeist tafelige oder prismatische Gestalt haben und oft zu so genannten Zwillingen verwachsen sind. Wenn das Mineral vor allem keilförmige, aufgewachsene Kristalle bildet, wird es **Sphen** genannt, nach dem griechischen Wort für Keil. Seltener findet man Titanit als derbe oder körnige Aggregate. Das Farbenspektrum des Minerals ist beachtlich: Es kann farblos und weiß sein, ebenso aber gelb, rot, braun, schwarzbraun oder blau. Sphen ist typischerweise gelbgrün bis braungrün. Titanit zeigt einen harzartigen Glanz. Eine Spaltbarkeit ist zwar vorhanden, jedoch nur schwer erkennbar, Bruchstücke weisen muschelige Flächen auf.
Vorkommen: Titanit findet sich in vielen magmatischen Gesteinen und kristallinen Schiefern, daneben in alpinen Klüften, Pegmatiten und Marmoren.
Verwendung: Schön gefärbte, klar durchsichtige Kristalle werden in Ausnahmefällen geschliffen. Größere Anreicherungen des Minerals werden als Erz abgebaut und zur Titangewinnung herangezogen.

Ähnliche Mineralien: Anatas, der häufig zusammen mit Titanit auftritt, unterscheidet sich von diesem durch seine meist pyramidale Kristallform.

Beachtliche 4 cm misst dieser gelbe Titanitkristall aus Madagaskar.

Bestimmungstipp: Unverfälschter Türkis ist oft spröde und bröselig. Mit Kunstharz verfestigte und »geschönte« Steine weisen beim Ritzen mit einer glühenden Nadel eine Ritzspur und Harzgeruch auf.

Cornwall (Großbritannien); Breite des Stücks 4 cm

Türkis

$CuAl_6[(OH)_2/PO_4]_4 \cdot 4H_2O$ (Kupfer-Aluminium-Phosphat)
Strichfarbe: Weiß
Dichte: 2,6–2,8
Kristallform: Orthorhombisch
Aussehen: Türkis tritt außer in dem charakteristischen Grünblau, das seinen Namen trägt, manchmal auch hellblau oder hellgrün gefärbt auf. Er ist undurchsichtig und häufig von einer braunen oder schwarzen Äderung durchzogen. Nur sehr selten bildet er Kristalle, und wenn, sind diese winzig. In der Regel kommt Türkis als derbe, knollige Masse, als Kruste oder als Spaltenfüllung vor. Er glänzt wachsähnlich oder ist matt. Beim Zerschlagen zeigt er keinerlei Spaltbarkeit, seine Bruchflächen sehen muschelig aus.
Vorkommen: Man findet Türkis in Klüften oder als Spaltenfüllung in aluminiumreichen Gesteinen. Häufig tritt er in Begleitung von Limonit oder Chalcedon auf.
Verwendung: Schon seit Jahrtausenden wird Türkis zu Schmuck und kleinen kunstgewerblichen Gegenständen verarbeitet.
Besonderes: Türkis ist empfindlich gegenüber hellem Sonnenlicht, ebenso gegen Seife, Fett und Schweiß. Häufig getragener Türkisschmuck verliert mit der Zeit seine schöne Blaufärbung und wird graugrün.

Ähnliche Mineralien: Der in der Färbung sehr ähnliche Chrysokoll ist deutlich weicher als Türkis. Derber Azurit zeigt gewöhnlich einen viel tieferen Blauton.

Färbung und aderförmige Zeichnung der meisten Türkise werden erst gut sichtbar, wenn der Stein, wie hier, angeschliffen ist. (Iran; Größe 4 cm)

Norwegen; Größe der Kristalle bis zu 1,7 cm

Anatas

TiO_2 (Titan-Oxid)
Strichfarbe: Weiß
Dichte: 3,8–3,9
Kristallform: Tetragonal
Aussehen: Die charakteristischen Kristallformen von Anatas sind spitze bis flache Doppelpyramiden, die bis zu tafeligen Gebilden abgeflacht sein können. Oft sind sie horizontal gestreift. In der Färbung variieren sie von Rosa und Rot über Gelb, Grün, Braun und Blau bis Schwarz, gelegentlich kommen auch farblose Exemplare vor. Ihr Glanz reicht von metallisch über glas- oder fettartig bis diamantähnlich. Wenn man das spröde Mineral zerschlägt, entstehen unebene Bruchflächen; eine Spaltbarkeit ist gewöhnlich nicht zu erkennen.
Vorkommen: Anataskristalle finden sich hauptsächlich in alpinen Klüften, oft in Gesellschaft von Titanit, Rutil oder Brookit. Manchmal liegen sie auch lose in Seifen oder goldhaltigen Sanden.
Besonderes: Anatas hat genau dieselbe chemische Zusammensetzung wie Rutil und Brookit. Deren unterschiedliches Aussehen beruht nur auf einer anderen inneren Struktur der Kristalle.

Ähnliche Mineralien: Sowohl Magnetit als auch Hämatit können sehr ähnlich aussehen, haben aber eine andere Strichfarbe. Brookit und Rutil unterscheiden sich durch ihre Kristallformen von Anatas und sind zudem längs statt quer gestreift.

Bestimmungstipp:
Die Kristalle des Anatas zeigen typischerweise feine Querstreifen.

Anataskristalle sitzen fast immer einzeln auf anderen Mineralien auf. (Norwegen; Kristallgröße 5 mm)

Grauleiten am Ankogel (Österreich); Kristallgröße 2,5 x 3,5 cm

Bestimmungstipp: Viele dünntafelige Brookitkristalle aus alpinen Klüften zeigen eine typische schwarze, sanduhrförmige Zeichnung.

Brookit

TiO_2 (Titan-Oxid)

Strichfarbe: Weiß bis helles Braun

Dichte: 4,1

Kristallform: Orthorhombisch

Aussehen: Das Mineral ist nicht in derber Ausbildung, sondern ausschließlich in Form von Kristallen bekannt. Es kristallisiert vorwiegend dünntafelig, manchmal bildet es auch sechsseitige Doppelpyramiden und wird dann Arkansit genannt. Meist sind die Kristalle durchscheinend und weisen eine deutliche Längsstreifung auf. Ihre Färbung kann gelb- bis rotbraun, grünlich oder fast schwarz sein, wobei sie diamantartig, manchmal auch leicht metallisch glänzen. Nicht selten durchziehen eingelagerte undurchsichtige Substanzen als dünne schwarze Streifen die Kristalle, häufig hat die Zeichnung die Form einer Sanduhr. Wenn man das spröde Mineral zerschlägt, ergeben sich unebene Bruchflächen. Eine Spaltbarkeit der Kristalle ist nur undeutlich zu erkennen.

Vorkommen: Brookit tritt vor allem in alpinen Klüften auf, oft zusammen mit Anatas, mit dem er sogar verwachsen sein kann. Andere typische Begleitmineralien sind Rutil, Quarz, Feldspat, Hämatit und Titanit.

Ähnliche Mineralien: Hämatit sieht manchmal wie Brookit aus, hat jedoch eine andere Strichfarbe. Anatas unterscheidet sich durch die stets vierseitige Grundform seiner Kristalle von Brookit.

Eine ausgeprägte Streifung ist typisch für viele Brookitkristalle. (Ural; Größe des Kristalls 2,5 cm)

Latium (Italien); Kristallgröße 2 cm

Leucit kann als kleine und größere Einsprengsel vulkanisches Gestein durchsetzen. (Latium/Italien; Größe des Stücks 14 cm)

Leucit

$KAlSi_2O_6$ (Kalium-Aluminium-Silikat)
Strichfarbe: Weiß
Dichte: 2,5
Kristallform: Tetragonal
Aussehen: Leucitkristalle weisen stets 24 regelmäßig geformte Flächen auf. Meistens sind die Kristalle in Gestein eingewachsen und in ihrer Form sehr gut ausgebildet, aufgewachsene Exemplare kommen seltener vor. Die Färbung des gewöhnlich durchscheinenden Minerals spiegelt sich in seinem Namen wider, der sich von dem griechischen Wort *leukos,* weiß, ableitet. Doch auch durchsichtige, farblose Exemplare werden gelegentlich gefunden, ebenso graue. Bruchflächen des spröden Minerals sind uneben, eine Spaltbarkeit fehlt.
Vorkommen: Leucit tritt ausschließlich in vulkanischen Gesteinen auf, oft zusammen mit Augit.
Verwendung: Aufgrund seines Kaliumgehalts hat man Leucit früher zu Mineraldünger verarbeitet.
Besonderes: Die ersten Leucitkristalle wurden im 18. Jahrhundert am Vesuv gefunden. Wegen ihrer typischen Form glaubte man zunächst fälschlich, es handle sich um Granate, die durch vulkanische Hitze und Dämpfe ausgebleicht worden seien.

Ähnliche Mineralien: Granat kann Kristalle der gleichen Form wie Leucit bilden, ist jedoch praktisch nie weiß. Wenn aber doch, dann tritt er in dieser Gestalt nie in vulkanischen Gesteinen auf.

Bestimmungstipp:
Weiße Kristalle mit 24 gleichen Flächen sind überaus typisch für Leucit.

Bestimmungstipp:
Feldspat ist in drei aufeinander senkrecht stehenden Richtungen spaltbar.

Orthoklas; Piemont (Italien); Größe 3 cm

Feldspat

Silikate unterschiedlicher Zusammensetzung

Strichfarbe: Weiß

Dichte: 2,6

Kristallform: Monoklin und triklin

Aussehen: Feldspat tritt in verschiedenen Varietäten auf, die sich nach ihrer chemischen Zusammensetzung in zwei Gruppen einteilen lassen, in **Kalifeldspat** $(K[AlSi_3O_8])$ und in **Plagioklas**, der seinerseits eine Mischungsreihe verschiedener Minerale mit den beiden Endgliedern Albit $(Na[AlSi_3O_8])$ und Anorthit $(Ca[Al_2Si_2O_8])$ darstellt. Die prismatischen bis tafeligen, glasig glänzenden Kristalle sind häufig zu Zwillingsbildungen verwachsen. In derber Form kommt Feldspat oft in großen Massen vor. Er kann farblos durchsichtig oder milchig weiß sein, aber auch grau, gelb, braun, rötlich oder grün, durchscheinend bis undurchsichtig. Seine Spaltbarkeit ist vollkommen, Bruchflächen sehen muschelig aus.

Ein häufiger Kalifeldspat ist der **Orthoklas**, der gewöhnlich milchig weiß oder hellrosa bis fleischrot getönt ist. **Adular** heißt eine oft farblose bis leicht getrübte weiße Varietät, die besonders in alpinen Klüften auftritt und häufig von Chlorit durchwachsen oder bestäubt ist. Als **Mondstein** wird eine milchig trübe Varietät mit bläulichem Schimmer bezeichnet. **Amazonit** ist ein grüner, meist streifig oder fleckig gezeichneter Feldspat aus Pegmatiten.

Unter den Plagioklasen ist zunächst der **Albit** hervorzuheben, ein häufiger weißer Feldspat alpiner Klüfte.

Gewöhnlich ist Orthoklas milchig weiß bis rötlich, selten klar gelb und schleifbar wie dieses 3,7 cm große Exemplar aus Madagaskar.

Orthoklas; Vogtland; Kristalle bis zu 4,3 cm lang

Labradorit hingegen zeigt eine schwarze, braune oder graue Grundfarbe. Wenn man ihn aus einem bestimmten Winkel betrachtet, schimmert er intensiv blau, manchmal auch mehrfarbig. Labradorit, der in den verschiedenen Farben des Spektrums schimmert, wird auch **Spektrolith** genannt. Unter **Sonnenstein** ist eine undurchsichtige, orange- bis rotbraune Plagioklas-Varietät zu verstehen, die durch eingelagerten Hämatit oder Goethit metallisch glitzert.
Vorkommen: Die Feldspatarten sind gesteinsbildende Mineralien und in ihrer Gesamtheit das häufigste Mineral der Erdkruste. Sie sind sowohl in Tiefengesteinen, insbesondere in Graniten, als auch in vulkanischen und metamorphen Gesteinen eingewachsen. Aufgewachsene Kristalle finden sich hauptsächlich in Hohlräumen und Klüften dieser Gesteine, ebenso in Drusen von Pegmatiten sowie auf alpinen Klüften. Typische Begleitmineralien sind vor allem Quarz und Glimmer, darüber hinaus Biotit, Granat, Turmalin und andere.
Verwendung: Als technischer Rohstoff hat Feldspat in der Glas- und Keramikindustrie große Bedeutung. Feldspatmehl dient im Ackerbau als Mineraldünger. Varietäten, die attraktive Farben oder besondere Farbeffekte zeigen, insbesondere Mondstein, Amazonit und Labradorit, werden zu Schmuckzwecken geschliffen.

Ähnliche Mineralien: Quarz hat im Gegensatz zu Feldspat keine Spaltbarkeit. Calcit, Baryt, Gips und Dolomit sind weicher als Feldspat.

Durch Überstäubung mit Chlorit erscheint der an sich weiße Adular häufig graugrün. (Maderaner Tal/ Schweiz; Größe 4 cm)

Bestimmungstipp:
Edelopal ist durch sein lebhaftes Farbspiel unverkennbar.

Edelopal; Australien; Größe 2 cm

Opal

$SiO_2 \cdot nH_2O$ (Silizium-Oxid)
Strichfarbe: Weiß
Dichte: 1,9–2,2
Kristallform: Amorph
Aussehen: Opal kann farblos und durchsichtig sein – er heißt dann **Hyalit** – oder weiß und undurchsichtig als **Milchopal**. **Edelopale** sind weißlich, bläulich, grau oder schwarz und fallen durch ihr lebhaftes Farbspiel auf, **Feueropale** präsentieren sich durchscheinend orange bis rot. Der Großteil an Opalen – der **Gemeine Opal** – jedoch ist undurchsichtig, und die Farbe variiert von Grün über Rot und Braun bis Gelb. Der Glanz von Opalen kann glasartig, aber auch fett- oder wachsartig sein. Das spröde Mineral hat muschelige Bruchflächen und zeigt keine Spaltbarkeit.
Vorkommen: Die größten Fundstätten liegen im Innern Australiens, wo Opal in Sedimentgestein gefunden wird. An anderen Stellen der Erde treten Opale auch in Hohlräumen vulkanischer Gesteine auf.
Verwendung: Vor allem Edelopale sind außergewöhnlich wertvolle Schmucksteine.
Besonderes: Opal ist ein überaus empfindlicher Stein, der sehr leicht Kratzer bekommt, beim Anschlagen zerspringt und in der Hitze sein Farbspiel verliert.

Ähnliche Mineralien: Chalcedon kann dem Gewöhnlichen Opal so ähnlich sehen, dass eine Unterscheidung mit einfachen Mitteln nicht möglich ist.

Durchsichtige Opale werden als Hyalit bezeichnet. (Tschechische Republik; Größe 3 cm)

Sachsen; Kristallgröße 3 cm

Bestimmungstipp: Axinit lässt sich an seinen außerordentlich scharfkantigen Kristallen leicht erkennen.

Axinit

$Ca_2(Fe,Mg,Mn)Al_2[OH/BO_3/Si_4O_{12}]$ (Silikat)
Strichfarbe: Weiß
Dichte: 3,3
Kristallform: Triklin
Aussehen: Der Name Axinit, der von dem griechischen Wort *axine,* das Beil, abgeleitet ist, beschreibt die Kristalle dieses Minerals treffend: Sie sind keilförmig und sehr scharfkantig. In den meisten Fällen sind sie auf anderen Mineralien aufgewachsen. Aber auch in derber, spätiger oder stängeliger Ausbildung tritt Axinit auf. Er ist durchsichtig bis durchscheinend und hat Glasglanz. Seine Färbung variiert von Braun über Grau, Violett und Blau bis Grünlich. Beim Zerschlagen des spröden Minerals ergeben sich muschelige Bruchflächen, eine Spaltbarkeit ist nur schlecht zu erkennen.
Vorkommen: Pneumatolytisch entstandener Axinit findet sich in kalkreichen Gesteinen. Schöne, hydrothermal entstandene Kristalle treten in alpinen Klüften oder in Drusen von Pegmatiten auf. Typische Begleitmineralien sind unter anderem Chlorit und Apatit.
Besonderes: Aus verschiedenen Richtungen betrachtet, kann Axinit eine deutlich unterschiedliche Farbtönung zeigen.

Ähnliche Mineralien: Titanit ist meist gelblicher gefärbt und zeigt im Gegensatz zum Axinit häufig Verwachsungen zu Zwillingskristallen. Außerdem ist er gewöhnlich nicht so scharfkantig wie Axinit.

Bräunliche Farbtöne mit einem Stich ins Violette oder Rote sind beim Axinit am häufigsten. (Kristallgröße bis zu 2,8 cm)

Bestimmungstipp:
Eine Kristallform mit 12 oder 24 gleichen Flächen ist typisch für die Mehrzahl der Granate.

Andradit; Griechenland; Kristallgröße 1 cm

Granat

$(Mg,Fe,Ca)_3(Al,Fe,Cr)_2[SiO_4]_3$ (Silikat)

Strichfarbe: Weiß

Dichte: 3,4–4,6

Kristallform: Kubisch

Aussehen: Granate sind eine Gruppe von Mineralien mit ähnlicher chemischer Zusammensetzung und gleicher Kristallstruktur, die sich untereinander unbegrenzt mischen. Sie haben sehr ähnliche physikalische Eigenschaften, dabei jedoch höchst unterschiedliche Farben. Überwiegend bilden sie Kristalle mit zwölf oder 24 gleichmäßigen Flächen. Die durchsichtigen bis undurchsichtigen Steine glänzen glasartig, manchmal auch fettig oder seidig, zeigen keine Spaltbarkeit und brechen mit muscheligen Bruchflächen.

Pyrop ist ein tiefroter Granat, den man meist nur in Form abgerollter Kristalle, d. h. als Stücke ohne Kanten und Kristallflächen findet. Zu den verbreitetsten Granatvarietäten zählt der **Almandin**, ein roter bis braunroter Stein, der oft große, gut ausgebildete Kristalle entwickelt. **Spessartin** hingegen tritt gelb oder orangerot bis braun auf. **Andradit** ist braun oder grün bis schwarz. **Demantoid** ist ein sattgrüner, durchsichtiger, diamantartig glänzender Stein. **Uwarowit** zeigt aufgrund seines Chromgehalts eine intensiv grüne Farbe. **Grossular** kommt in Kristallen, häufig aber auch als derbes Mineral vor. Er kann gelb, hellbraun oder hellgrün und selten auch weiß gefärbt sein. Eine orangebraune Varietät des Grossulars wird als **Hessonit** bezeichnet.

Der Uwarowit zeichnet sich durch seine sattgrüne Färbung aus. (Finnland; Kristallgröße 1,2 cm)

Spessartin auf Turmalin; Pakistan; Größe der Granatkristalle 1 cm

Vorkommen: Die verschiedenen Granatarten finden sich in den unterschiedlichsten metamorphen Gesteinen, manche auch in vulkanischen oder Tiefengesteinen. Die Kristalle sind im Gestein eingewachsen oder in Klüften, Drusen und kleineren Hohlräumen der Gesteine aufgewachsen. Alle Granate kommen auch in Form von abgerollten Kristallen oder Bruchstücken in Edelsteinseifen vor. Den wohl größten Bekanntheitsgrad hat seit Jahrhunderten der dunkelrote Böhmische Granat, ein Pyrop.
Verwendung: Granate waren schon in der Antike als Edelsteine beliebt und begehrt. Unter allen Granatarten wurden und werden überwiegend dunkelroter Pyrop und Almandin bzw. deren Mischkristalle, facettiert geschliffen, zu Schmuck verarbeitet.
Besonderes: Granate werden sehr oft mit irreführenden Namen bezeichnet. So gibt es im Handel, je nach Herkunft und Farbe der Steine, z. B. »Kap-Rubine«, »Ceylon-Rubine« oder »Arizona-Rubine«, »Ural-Smaragde« oder »Sibirische Chrysolithe«. Auch unter dem »Karfunkelstein« aus dem Märchen ist wohl in erster Linie Granat zu verstehen, wenngleich früher auch Rubin und Spinell, also alle roten Edelsteine, so genannt wurden.

Ähnliche Mineralien: Rubin ist härter und zeigt einen anderen Rotton als rote Granate. Ebenso sind Topas und Chrysoberyll härter als entsprechend gefärbte Granate. Olivin unterscheidet sich von grünen Granaten durch seine starke Doppelbrechung.

Der gelb- bis orangebraune Hessonit kann durchscheinend oder undurchsichtig sein. (Tavetsch/Schweiz; Breite der Stufe 2,5 cm)

Bestimmungstipp: Olivin kann dem Apatit ähnlich sehen, ist aber deutlich härter als dieser.

Ägypten; Kristallgröße 2 cm

Olivin, Peridot

$(Mg,Fe)_2[SiO_4]$ (Silikat)

Strichfarbe: Weiß

Dichte: 3,3–4,2

Kristallform: Orthorhombisch

Aussehen: Das glasig oder fettig glänzende Mineral ist nach seiner meist olivgrünen Färbung benannt. Daneben kommt auch gelbgrüner bis flaschengrüner sowie rotbrauner Olivin vor. Die oft sehr flächenreichen Kristalle sind in ihrer Grundform prismatisch oder dicktafelig und durchscheinend bis durchsichtig. Oft kommt Olivin auch in körniger oder derber Ausbildung vor. Beim Zerschlagen ergeben sich muschelige Bruchflächen, eine Spaltbarkeit ist kaum erkennbar.

Vorkommen: Olivin tritt vor allem eingewachsen in vulkanischen Gesteinen und Marmoren auf, findet sich aber auch auf Klüften in kristallinen Kalken. Typische Begleitmineralien sind z. B. Spinell, Augit und Hornblende. Olivine in Edelsteinqualität stammen unter anderem von einer Vulkaninsel im Roten Meer, einem Vorkommen, das seit nunmehr 3500 Jahren ausgebeutet wird.

Verwendung: Magnesiumreicher Olivin wird zur Herstellung spezieller Silikatgläser und hoch feuerfester Steine verwendet. Schön gefärbter, durchsichtiger Olivin gilt als Edelstein und wird für Schmuckzwecke geschliffen. Er wird dann Peridot genannt.

Besonderes: Der alte Name Chrysolith bezeichnete in der Antike die verschiedensten gelben Steine. Erst in jüngerer Zeit wurde schleifbarer Olivin so genannt.

Als Edelstein ist das Mineral Olivin unter dem Namen Peridot bekannt. (Pakistan; Größe des Kristalls 3 cm)

Brasilien; Kristallgröße 3 cm

Bestimmungstipp: Das häufig Auftreten kreuzförmiger Verwachsungen seiner Kristalle ist kennzeichnend für den Staurolith.

Staurolith

$(Fe,Mg,Zn)_2Al_9[O_6/(OH)_2/(SiO_4)_4]$ (Silikat)

Strichfarbe: Weiß

Dichte: 3,7–3,8

Kristallform: Monoklin

Aussehen: Das Mineral tritt in prismatischen bis tafeligen Kristallen auf, die meist sehr gut ausgebildet sind. Stets sind sie ins Gestein eingewachsen, manchmal wittern sie allerdings im Lauf der Zeit wieder heraus. Charakteristisch ist das häufige Auftreten von so genannten Durchkreuzungszwillingen, bei denen zwei säulenförmige Kristalle rechtwinklig oder in einem 60-Grad-Winkel miteinander verwachsen sind. Staurolith ist rot- bis schwarzbraun gefärbt und durchscheinend, trägt jedoch auf der Oberfläche oft raue oder erdige Beläge. Das Mineral bricht muschelig, eine Spaltbarkeit ist kaum sichtbar.

Vorkommen: Staurolith findet sich in Glimmerschiefern und Gneisen, wo er typischerweise von Quarz, Glimmer, Disthen und Granat begleitet wird.

Besonderes: Rechtwinkelig verwachsene Zwillingskristalle wurden wegen ihrer Kreuzform früher gern als Amulett getragen. Bisweilen wird der Staurolith mit deutschem Namen auch Kreuzstein genannt.

Ähnliche Mineralien: Die gleichfalls säulenförmigen Kristalle des Turmalins sind mehr oder weniger deutlich dreikantig. Außerdem bildet Turmalin keine kreuzförmigen Verwachsungen.

Die Kristalle des Stauroliths stellen meist kurze, flächenarme Säulen dar. (Südtirol; Höhe der Stufe 6 cm)

Bestimmungstipp: Der Bergkristall ist weicher als Diamant und farbloser Saphir, aber härter als Glas. Wie bei den anderen Quarz-Varietäten auch weisen seine Kristalle oft feine Querstreifen auf.

Rauchquarz (Morion); Norwegen; Größe des Kristalls 3 cm

Quarz

SiO_2 (Silizium-Oxid)

Strichfarbe: Weiß

Dichte: 2,7

Kristallform: Trigonal

Aussehen: Quarzkristalle können kurzprismatisch, nadelig, plattenförmig oder verzerrt aussehen oder Doppelpyramiden darstellen. Die meisten sind im Querschnitt sechsseitig, doch es gibt ebenfalls in ihrem Grundaufbau dreiseitige Kristalle, die sich bei tiefer Temperaturen gebildet haben. Nicht selten kommen Verwachsungen zu Zwillingskristallen vor. Aggregate sind entweder radialstrahlig oder körnig, manche auch stängelig. Außerdem tritt Quarz in derber Ausbildung auf. Reiner Quarz ist farblos, doch Verunreinigungen durch Spuren anderer Elemente im Kristallgitter führen zu den unterschiedlichsten Färbungen, wie sie bei den einzelnen Quarz-Varietäten beschrieben sind. Typisch für das Mineral sind Glasglanz bis Fettglanz, das Fehlen jeglicher Spaltbarkeit und muschelige Bruchflächen. Quarz kommt in zahllosen Varietäten vor, die mit eigenen Namen bezeichnet werden:

Bergkristall ist farblos und wasserklar. Er tritt hauptsächlich in alpinen Klüften auf. Griechen und Römer der Antike hielten ihn für so tief gefrorenes Eis, dass er selbst in der Hitze nicht schmilzt, gleichsam versteinert ist, und benannten ihn mit dem griechischen Wort *krystallos,* das Eis. (Bis in die Neuzeit galt der Begriff Kristall nur für dieses Mineral.)

Bergkristall ist Quarz in seiner reinsten Ausbildung. (Peru; Länge der Kristalle 2 cm)

Amethyst-Zepter auf Limonit; Zillertal (Österreich); Kristallgröße bis zu 2 cm

Rauchquarz werden rauchig graubraune bis dunkelbraune Quarze genannt, die durchsichtig bis undurchsichtig sein können und durch natürliche radioaktive Bestrahlung von Quarzen entstanden sind. Eine tiefschwarze, undurchsichtige Varietät davon wird als **Morion** bezeichnet. Im Übrigen wird Rauchquarz durch Bestrahlung von Bergkristall mit Röntgenstrahlen oder radioaktiver Strahlung auch künstlich hergestellt.

Amethyst ist hell- bis dunkelviolett gefärbt. Er kleidet mit seinen prismatischen Kristallen Blasenhohlräume in vulkanischen Gesteinen aus, seltener tritt er in Erzgängen und alpinen Klüften auf. Teilweise ist die Farbe der Amethyste nicht beständig, sondern bleicht am Tageslicht bald aus.

Citrin bildet blassgelbe Kristalle, die in Drusen und auf alpinen Klüften wachsen. Die im Handel unter dieser Bezeichnung angebotenen Steine sind allerdings größtenteils »gebrannte« Amethyste. Bei rund 500 °C nimmt nämlich brasilianischer Amethyst eine gelbe Färbung an. Im Gegensatz zum Gelb des echten Citrins hat diese jedoch immer einen Stich ins Braune oder Rötliche.

Rosenquarz ist eine rosa gefärbte Quarzvarietät, die fast ausschließlich derb vorkommt. Erst seit kurzer Zeit ist er auch in Form von Kristallen bekannt.

Tigerauge hat goldgelbe und braune Streifen, die einen wogenden Schimmer zeigen.

Aventurin ist ein grüner, ausschließlich derber Quarz, dem Einschlüsse von Glimmer und Hämatitschüppchen ein metallisches Schillern verleihen.

Rosenquarz tritt normalerweise nur in derber Ausbildung auf, schöne Kristalle wie dieses 1 cm große Exemplar aus Brasilien sind äußerst selten.

Jaspis; Südtirol; Breite 5 cm

Chalcedon zählt zu den mikrokristallinen Quarzen, d. h., er bildet kleinste, nur unter dem Mikroskop erkennbare Kristalle und Fasern, die in dichten Massen als schalige, nieren- oder traubenförmige Krusten oder Hohlraumfüllungen in vulkanischen Gesteinen zu finden sind. Gewöhnlicher Chalcedon ist meist grau oder graublau, Varietäten gibt es jedoch in allen Farben. Eine der bekanntesten und buntesten ist der **Achat**, der in verschiedenfarbigen konzentrischen Lagen Gesteinshohlräume ausfüllt. Chalcedone mit nur schwarzen und weißen Lagen werden **Onyx** genannt. Roter bis rotbrauner, durchscheinender Chalcedon ist unter der Bezeichnung **Karneol** bekannt, während die undurchsichtige, braun bis rotbraun, manchmal auch gelblich oder grünlich gefärbte Varietät als **Jaspis** bezeichnet wird. Dunkelgrüner Jaspis mit zahlreichen roten Flecken, die auf Hämatiteinschlüsse zurückzuführen sind trägt den Handelsnamen **Heliotrop**. Auch der undurchsichtige **Feuerstein**, der als grau oder braun gefärbte Knollen in Kalksteinen eingewachsen ist, wird zu den Chalcedonen gezählt.

Feuerstein war möglicherweise das erste Mineral, das der Mensch für sich nutzte: Schon in frühester Steinzeit fertigte er Werkzeuge und Waffen daraus. (Rügen; Größe der Stücke etwa 6 cm)

Vorkommen: Nach Feldspat ist Quarz das häufigste Mineral der Erdkruste. Als Bestandteil von Tiefengesteinen, etwa Granit, tritt er ebenso auf wie in vulkanischen Gesteinen, z. B. in Quarzporphyr, in Sedimentgesteinen z. B. in Sandsteinen, und in metamorphen Gesteinen etwa in Gneis. Gut ausgebildete Kristalle findet man in Drusen von Pegmatiten, in pneumatolytischen Gängen, in Erzgängen, auf alpinen Klüften, in Hohlräumen von

Achat; Ruanda; Breite 10 cm

Marmor oder auch eingewachsen in Sedimentgesteinen. Zu den Mineralien, die sich oft in Begleitung von Quarz befinden, zählen Feldspat, Calcit, Erzmineralien, Turmalin, Granat und viele andere.
Verwendung: Die technische Verwendung von Quarz ist überaus vielfältig. So dient z. B. Quarzsand als Rohstoff für die Gewinnung von Silizium, dem derzeit wichtigsten Material in der Halbleitertechnik und Mikroelektronik. Auch zur Glasherstellung wird Quarz herangezogen. Quarzglas ist nicht nur besonders stabil gegen Temperaturschwankungen, sondern auch für UV-Strahlen durchlässig und wird daher für Leuchtstoffröhren und Glühbirnen verwendet. Sehr klare Bergkristalle werden in der Hochfrequenztechnik als Schwingquarze herangezogen – heute kommen dafür allerdings fast nur noch künstliche Quarze zum Einsatz.
Die gefärbten Quarzvarietäten, ob klar oder undurchsichtig, waren von alters her als Ziersteine begehrt. Aus ihnen wurden und werden Schmucksteine, kleine Skulpturen oder Gefäße und andere kunstgewerbliche Ziergegenstände gefertigt.
Besonderes: Das Wort Quarz hat seinen Ursprung in der Sprache der alten böhmischen Bergleute des 14. Jahrhunderts: Sie bezeichneten taubes, also kein Erz enthaltendes Material als Querz.

Ähnliche Mineralien: Seine Härte in Kombination mit seiner Säurebeständigkeit unterscheiden Quarz von allen anderen Mineralien.

Gewöhnlich präsentieren Achatgeoden erst im angeschliffenen Zustand ihre interessanten Schicht- und Farbstrukturen. (St. Egidien/Sachsen; Durchmesser der Geode 8 cm)

Die Turmalinart Elbait bildet nicht selten zwei- und mehrfarbige Kristalle aus. (Elba; Kristallgröße 2 cm)

Elbait; Elba (Italien); Kristallgröße 2 cm

Turmalin

$AB_9[(OH)_4/(BO3)_3/Si_6O_{18}]$ (Silikat, allgemeine Formel)

Strichfarbe: Weiß

Dichte: 3,0–3,3

Kristallform: Trigonal

Aussehen: Die prismatischen, wie Glas glänzenden Kristalle können die Form von dicken, längs gestreiften Säulen bis hin zu dünnen Nadeln haben. Sie kommen ein- und aufgewachsen vor, die Kristalle sind nicht selten zu strahligen oder fächerförmigen Aggregaten, so genannten Turmalinsonnen, vereinigt. Zweiseitig gewachsene Kristalle zeigen oft an den beiden Enden eine unterschiedliche Gestalt. Auch in derben, stängeligen Aggregaten tritt Turmalin auf. Das spröde Mineral bricht muschelig, eine Spaltbarkeit ist nicht erkennbar.

Chemisch gesehen stellen die Turmaline eine Gruppe von Mischkristallen dar, die sich in der Art der in ihrem Kristallgitter enthaltenen Metallatome und äußerlich hauptsächlich in der Färbung unterscheiden. Eine häufige und sehr verbreitete Varietät ist der schwarze, undurchsichtige **Schörl**, ein eisenhaltiger Turmalin. Der magnesiumhaltige **Dravit** hingegen ist braun, ebenso der kalziumhaltige **Uvit**. Der lithiumhaltige, mehr oder weniger durchsichtige **Elbait** tritt in den verschiedensten Färbungen auf, und trägt, je nach Farbe, unterschiedliche Namen: Die rosarote bis violettrote Varietät dieses Steins wird **Rubellit** genannt, die blaugrüne bis grasgrüne Varietät **Verdelith**. Sehr viel seltener als diese beiden kommt der **Indigolith** vor, ein tiefblauer bis grün-

Bestimmungstipp:
Sieht man aus verschiedenen Perspektiven durch einen Turmalinkristall, erscheint seine Farbe in der einen Richtung hell, in der anderen dunkel.

Rubellit; Limbach-Oberfrohna (Sachsen); Kristallgröße bis zu 1,4 cm

lich blauer Turmalin. Auch Kristalle in zwei oder mehr Farben gibt es. Farblose oder hell gefärbte Exemplare mit einem schwarzen Ende werden als Mohrenkopf-Turmaline bezeichnet.

Vorkommen: Turmaline finden sich eingewachsen in Graniten und Pegmatiten, aufgewachsen in pneumatolytischen und hydrothermalen Gängen, in Drusen von Pegmatiten, Glimmerschiefern und Gneisen sowie in alpinen Klüften. Typische Begleitmineralien sind Quarz, Glimmer, Feldspat und Beryll.

Verwendung: Wegen ihrer schönen Farbigkeit sind Turmaline als Edelsteine sehr geschätzt. Der zu Schmuckzwecken verarbeitete Turmalin ist fast ausschließlich Elbait in seinen verschiedenen Farbvarietäten.

Besonderes: Nachdem der Turmalin in der Antike als Edelstein sehr beliebt war, geriet er in der Folgezeit in Europa völlig in Vergessenheit. Erst zu Beginn des 18. Jahrhunderts brachten holländische Seefahrer aus Sri Lanka erstmals wieder Turmaline nach Europa. Durch Erwärmen laden sich Turmalinkristalle elektrostatisch auf, wobei ein Kristallende positive, das andere negative elektrische Ladung erhält. Sie ziehen dann z. B. Aschepartikel an. Dieser Eigenschaft verdankt der Stein seinen Namen: *Turamali*, ein Wort aus der singhalesischen Sprache, bedeutet »Stein, der Asche anzieht«.

Ähnliche Mineralien: Der zumeist deutlich dreiseitige Querschnitt der Kristalle unterscheidet Turmalin von allen ähnlich erscheinenden Mineralien.

Bestimmungstipp:
Charakteristisch für Turmalin ist sein häufig dreiseitiger Kristallquerschnitt.

Der schwarze Schörl ist eine häufige und weit verbreitete Turmalinart. (Tessin/Schweiz; Kristallgröße 1,5 cm)

Zimbabwe; Kristallgröße 1,5 cm

Bestimmungstipp:
Die meist vollkommen durchsichtigen Euklaskristalle sind gewöhnlich deutlich längs gestreift.

Euklas

$AlBe[OH/SiO_4]$ (Aluminium-Beryllium-Silikat)

Strichfarbe: Weiß
Dichte: 3,0–3,1
Kristallform: Monoklin
Aussehen: Die prismatischen, vorwiegend langsäuligen Kristalle des Euklas sind meist farblos oder hellgrün gefärbt und oft völlig durchsichtig. Intensiv blau oder blaugrün gefärbte oder gar dunkelgrüne Exemplare sind überaus selten. Die wie Glas glänzenden Kristallflächen weisen eine deutliche Längsstreifung auf. Das spröde Mineral hat muschelige Bruchflächen und spaltet vollkommen nach dem Prisma. Die gute Spaltbarkeit lag nicht nur der Namengebung zugrunde (*eu* ist das griechische Wort für gut, *klasis* heißt: das Spalten), sondern ist auch die Ursache für den feinen Schimmer, den die Kristalle in ihrem Innern zeigen.
Vorkommen: Euklas zählt zu den sehr seltenen Mineralien. Er tritt in Drusen von Pegmatiten sowie in alpinen Klüften auf, wo er meist mit Quarz oder Plagioklas vergesellschaftet ist. Manchmal werden freie, rundlich geschliffene Kristalle in Seifen gefunden.
Verwendung: Gelegentlich taucht der seltene Stein, facettiert geschliffen, im Edelsteinhandel auf.
Besonderes: Farbloser Euklas lässt sich durch radioaktive Bestrahlung leicht blau färben.

Ähnliche Mineralien: Die Feldspat-Varietät Albit ist weicher, Quarz hat keine Spaltbarkeit.

Blau gefärbte Euklaskristalle wie dieses 2 cm große Exemplar aus Zimbabwe sind sowohl in der Größe als auch in der Farbe eine Seltenheit.

Lisens (Österreich); Kristallgröße 2 cm

Die Andalusit-Varietät Chiastolith zeigt im Kristallquerschnitt eine dunkle Kreuzzeichnung. (Spanien; Durchmesser des Kristalls etwa 3 cm)

Bestimmungstipp: Durchsichtiger Andalusit hat die Eigenschaft, dass seine Farbe von Dunkelgrün nach Rot oder Rotbraun wechselt, je nachdem, in welcher Richtung man durch ihn hindurchsieht.

Andalusit

$Al_2[O/SiO_4]$ (Aluminium-Silikat)

Strichfarbe: Weiß

Dichte: 3,1–3,2

Kristallform: Orthorhombisch

Aussehen: Das Mineral kristallisiert in dicken Säulen mit annähernd quadratischem Querschnitt. Vorwiegend ist es undurchsichtig und hat eine matte Oberfläche. Seine Färbung reicht von Grau über Gelblich, Rötlich und Grün bis Braun, manchmal kommen auch mehrfarbig getönte Kristalle vor. Eine besondere Varietät ist der **Chiastolith**, dessen Kristalle durch Einlagerung kohliger Substanzen im Querschnitt ein dunkles Kreuz, im Längsschnitt eine sanduhrartige Zeichnung zeigen. Bruchflächen des Andalusits haben unebene Flächen, eine Spaltbarkeit ist nur undeutlich zu erkennen.

Vorkommen: Andalusit findet sich, fast immer eingewachsen, in Gneisen und Glimmerschiefern, in Quarzlinsen in metamorphen Gesteinen sowie in Tonschiefern und Pegmatiten. Begleitende Mineralien sind Quarz, Feldspat und Glimmer, aber oft auch Cyanit.

Verwendung: Gewöhnlicher Andalusit dient als Rohstoff zur Herstellung spezieller Keramiken und hoch feuerfester Stoffe. Kristalle von Edelsteinqualität werden zu Schmuckzwecken geschliffen.

Ähnliche Mineralien: Hornblende, Augit und Aktinolith zeigen eine andere Spaltbarkeit als Andalusit. Turmalin bildet Kristalle mit drei- oder sechsseitigem Querschnitt.

Bestimmungstipp:
Beryll bildet immer deutlich sechsseitige Kristalle.

Aquamarin; Pakistan; Kristallgröße 6 cm

Beryll

$Al_2Be_3[Si_6O_{18}]$ (Aluminium-Beryllium-Silikat)
Strichfarbe: Weiß
Dichte: 2,6 – 2,8
Kristallform: Hexagonal
Aussehen: Die Kristalle des Berylls haben im Idealfa einen sechsseitigen Umriss und sind meist lang säulen förmig, seltener dicktafelig ausgebildet. Entweder tre ten sie eingewachsen und trübe oder aufgewachse und klar durchsichtig mit Glasglanz auf. Diejenigen de Gemeinen Berylls sind undurchsichtig graugelb bi gelbgrün und können meterlang werden. Bruchfläche des Minerals sehen muschelig aus, eine gewisse Spalt barkeit nach der Basis ist manchmal zu erkennen.
Bei den edlen, d. h. klaren und schön gefärbten Berylle unterscheidet man mehrere Farbvarietäten:
Aquamarin ist hell- bis dunkelblau gefärbt, oft mit einen Stich ins Grüne.
Smaragd, die berühmteste und teuerste Beryll-Varietä zeigt das typische intensive Grün, das als Smaragdgrü bekannt ist, hervorgerufen durch Spuren von Chrom in Kristallgitter.
Goldberyll oder **Heliodor** weist ein sattes Goldgelb bi zu einem grünlichen Zitronengelb auf.
Roter Beryll, auch **Bixbit** genannt, präsentiert sich i kräftigem, klarem Karminrot.
Goshenit und **Morganit**, der Erste farblos, der Zweit rosa, treten überwiegend in tafeligen Kristallen auf. Z Schmuckzwecken werden sie kaum herangezogen.

Dieser 1 cm große Rote Beryll aus Utah (USA) zeigt eine ideale Kristallform.

Smaragd; Kolumbien; Kristallgröße 2 cm

Vorkommen: Beryll findet sich eingewachsen in zahlreichen Pegmatiten. In Hohlräumen und Drusen derselben Pegmatite entwickeln sich oft gut ausgebildete Kristalle, ebenso in hydrothermalen Calcitgängen und in Glimmerschiefern. Gewöhnlich wird Beryll von Feldspat, Quarz und Calcit begleitet.

Verwendung: Aus dem Gemeinen Beryll wird großtechnisch das Element Beryllium gewonnen, das zur Herstellung säurefester Metalllegierungen gebraucht wird sowie im Reaktorbau und in der Elektronik Verwendung findet. Aus klar durchsichtigem Beryll wurden in der Antike Augengläser als Sehhilfe gefertigt. Unser Wort Brille leitet sich von dem griechischen Wort *beryllos* ab. Smaragd, Aquamarin und Goldberyll sind von alters her begehrte Edelsteine, die zu herrlichen Schmuckstücken verarbeitet wurden.

Besonderes: Die Smaragde der Antike, so auch die legendären Edelsteine der Kleopatra, stammen alle aus einer Smaragdgrube im ägyptischen Nubien. Nach der Entdeckung Amerikas brachten die Konquistadoren die Smaragde der kolumbianischen Indios nach Europa. Kolumbien liefert noch heute die begehrtesten Smaragde der Welt. Schöne, klare Steine erzielen Preise wie sonst nur noch Diamanten. Die einzige europäische Smaragdfundstelle befindet sich im österreichischen Habachtal.

Ähnliche Mineralien: Apatit kann dem Aussehen nach mit Beryll verwechselt werden, ist aber viel weicher.

Sehr schöne Goldberylle wie dieses 2,5 cm große Exemplar werden heute in der Ukraine gefunden.

Bestimmungstipp:
Spinell tritt typischerweise in oktaedrischen Kristallen auf.

Pakistan; Kristallgröße 1 cm

Spinell

$MgAl_2O_4$ (Magnesium-Aluminium-Oxid)
Strichfarbe: Weiß
Dichte: 3,6
Kristallform: Kubisch
Aussehen: Spinell kommt großteils in gut ausgebildeten oktaedrischen Kristallen vor, manchmal auch als Würfel oder Zwölfflächner. Nicht selten verwachsen zwei Kristalle an einer ihrer Flächen zu so genannten Zwillingen. Überwiegend ist Spinell rot gefärbt, zuweilen aber auch gelb, bläulich, rosa und farblos. Das Mineral zeigt Glasglanz, Bruchflächen haben ein muscheliges Aussehen, eine Spaltbarkeit ist nur schwer erkennbar.
Vorkommen: Die meisten Spinellkristalle sind in metamorphen Gesteinen eingewachsen, darunter besonders häufig in Marmoren. Daneben findet man sie auch als rundliche Stücke in Seifen.
Verwendung: Schon lange hat man klare Spinelle als Edelsteine verarbeitet. Weil Spinell erst bei über 2000 °C schmilzt, eignet er sich zur Herstellung hoch feuerfester Keramik.
Besonderes: Spinelle in praktisch allen Farben werden auch vielfach synthetisch produziert. Diese synthetischen Steine finden z. B. in der Lasertechnologie, aber auch als Edelsteinimitate Verwendung.

Ähnliche Mineralien: Korund, insbesondere Rubin, wird oft mit Spinell verwechselt, hat jedoch eine andere Kristallform und eine größere Härte.

Die in der Grundform meist oktaedrischen Spinellkristalle bilden häufig Zwillingsverwachsungen. (Sri Lanka; Kristallgröße 1 cm)

Gasteiner Tal (Österreich); Kristallgröße 1,5 cm

Ob farblos oder zart getönt, Phenakit ist meist vollkommen durchsichtig. (Namibia; Kristallgröße 2 cm)

Phenakit

$Be_2[SiO_4]$ (Beryllium-Silikat)

Strichfarbe: Weiß

Dichte: 3,0

Kristallform: Trigonal

Aussehen: Phenakit bildet langprismatische bis dicktafelige Kristalle, deren Prismenflächen stets längs gestreift sind. Auch linsenförmige Kristalle kommen vor. Meist ist das Mineral klar und farblos, doch kann es auch zartgelb, rosafarben oder weiß gefärbt sein. Die Kristalle sind teils ein-, teils aufgewachsen. Sie glänzen wie Glas, zeigen keinerlei Spaltbarkeit und weisen muschelige Bruchflächen auf.

Vorkommen: Das relativ seltene Mineral tritt in Glimmerschiefern zusammen mit Smaragd auf, ebenso in Drusen und Klüften von Pegmatiten und Graniten sowie in alpinen Klüften. Weitere typische Begleitmineralien sind unter anderem Chrysoberyll und Apatit.

Verwendung: Phenakit wird, meist im Brillantschliff, zu Schmuckstücken verarbeitet, ist wegen seiner Seltenheit jedoch nur wenig bekannt.

Besonderes: Farbiger Phenakit verblasst oft völlig, wenn er längere Zeit dem Sonnenlicht ausgesetzt ist.

Ähnliche Mineralien: Phenakit kann leicht mit Quarz verwechselt werden, der jedoch etwas weicher und zudem auf den Prismenflächen der Kristalle stets quer gestreift ist, während die Kristalle des Phenakits immer längs gestreift sind.

Bestimmungstipp:
Die Prismenflächen von Phenakitkristallen zeichnen sich durch feine Längsstreifen aus, während Quarzkristalle stets quer gestreift sind.

Bestimmungstipp:
Der spektakuläre Farbwechsel des Alexandrits macht diesen Stein unverwechselbar.

Indien; Durchmesser des Drillingskristalls 3 cm

Chrysoberyll

Al_2BeO_4 (Aluminium-Beryllium-Oxid)
Strichfarbe: Weiß
Dichte: 3,7
Kristallform: Orthorhombisch
Aussehen: Nur in seltenen Fällen bildet Chrysobery Einzelkristalle, gewöhnlich sind zwei oder drei zu Zwil lings- bzw. Drillingskristallen zusammengewachsen. Da bei weisen die Drillinge einen typischen sechsseitige Umriss auf. Das glasig glänzende, durchsichtige ode durchscheinende Mineral kann gelb oder grün gefärb sein. Die Varietät **Alexandrit** zeichnet sich durch eine spektakulären Farbwechsel aus: Bei Tageslicht ist e grün, bei künstlicher Beleuchtung rot bis rotviolett.
Vorkommen: Chrysoberyllkristalle finden sich, sowoh ein- wie aufgewachsen, in Pegmatiten und Glimmer schiefern. Neben Feldspat und Glimmer ist Smaragd ei typisches Begleitmineral.
Verwendung: Insbesondere Alexandrite sind begehrt Edelsteine. Auch der gewöhnliche Chrysoberyll wir gelegentlich zu Schmuck verarbeitet.
Besonderes: Alexandrit, benannt nach dem russische Zaren Alexander II., war der Nationalstein des Zaren reichs, zeigte dieses in Russland vorkommende Mine ral doch die Farben des Zarenreichs: Rot und Grün.

Ähnliche Mineralien: Der sehr harte Chrysoberyll könn te mit Topas verwechselt werden, welcher aber ein bessere Spaltbarkeit aufweist.

Chrysoberyll kommt ausschließlich in gelben und grünen Farbtönen vor. (Brasilien; Größe der Stufe rund 3 cm)

Utah (USA); Kristallgröße 1 cm

Bestimmungstipp: Topaskristalle zeigen auf ihren Flächen meist deutliche Längsstreifen und unterscheiden sich damit von den quer gestreiften Kristallen des Quarzes.

Topas

$Al_2[F_2/SiO_4]$ (Aluminium-Silikat)

Strichfarbe: Weiß

Dichte: 3,5–3,6

Kristallform: Orthorhombisch

Aussehen: Kurz- bis langsäulige, wie Glas glänzende Kristalle sind typisch für Topas, doch auch in strahligen oder derben Aggregaten kommt das Mineral vor. Es kann sowohl farblos oder weiß wie auch gelb, blau, grün, rot, rosa, violett oder braun gefärbt sein. Es lässt sich sehr gut spalten und bricht muschelig.

Vorkommen: Topas findet sich sowohl in Pegmatiten als auch in pneumatolytischen Lagerstätten, oft in Begleitung von Quarz, Fluorit oder Turmalin. Schöne, aber meist nur kleine Kristalle gibt es auch in Drusen vulkanischer Gesteine. Zudem findet man Topase als natürlich abgeschliffene Steine in Edelsteinseifen.

Verwendung: Klar durchsichtige Topase sind hoch geschätzte Edelsteine. Sie werden meist im Facettenschliff verarbeitet oder zu Kugeln geschliffen.

Besonderes: Wegen seiner hervorragenden Spaltbarkeit ist Topas sehr empfindlich gegen Stöße und Schläge. Auch rapide Temperaturschwankungen können zu einem Spalten des Steins führen. Intensiv gefärbte Topase bleichen im Sonnenlicht mit der Zeit aus.

Ähnliche Mineralien: Quarz wiegt in der Hand leichter und zeigt außerdem keine Spaltbarkeit. Fluorit ist viel weicher als Topas.

Seine zarten Farbtöne machten den Topas schon in der Antike zu einem beliebten Edelstein. (Ural; Kristallgröße 4 cm)

Bestimmungstipp:
Die enorme Härte, die nur noch von Diamant übertroffen wird, macht den Korund samt seiner farbigen Varietäten eindeutig erkennbar.

Rubin; Indien; Durchmesser des Kristalls 3 cm

Korund

Al_2O_3 (Aluminium-Oxid)
Strichfarbe: Weiß
Dichte: 3,9–4,1
Kristallform: Trigonal
Aussehen: Korundkristalle haben meist die Gestalt von Spindeln, Fässchen oder Tafeln. Daneben bildet das Mineral häufig grobkörnige Aggregate. Gewöhnlicher Korund ist durchscheinend bis undurchsichtig weiß, grau, gelblich, grünlich oder rotbraun. Durchsichtige rote Kristalle werden als **Rubine** besonders geschätzt. Eine ebenso durchsichtige, intensiv blaue Varietät ist als **Saphir** bekannt. Korund zeigt Glasglanz, weist einen muscheligen Bruch auf und lässt sich kaum spalten.
Vorkommen: Korund als solcher ist ein recht verbreitetes Mineral. Man findet es z. B. in Granit, Gneis und Marmor, aber auch als Fremdeinschluss in vulkanischen Gesteinen oder in Seifen. Selten und entsprechend wertvoll sind die rote und blaue Farbvarietät.
Verwendung: Korund ist nach dem Diamanten das zweithärteste Mineral. Der gewöhnliche Korund wird daher technisch als Schleifmittel eingesetzt. Rubine und Saphire sind seit Jahrtausenden geschätzte Edelsteine. Synthetisch erzeugte Rubine dienen in der Lasertechnik zur Lichtverstärkung.

Ähnliche Mineralien: Rote Granate könnten für Rubine gehalten werden, doch Härte und Form seiner Kristalle unterscheiden den Korund von allen anderen Mineralien.

Die blaue Varietät des Korunds ist allgemein als Saphir bekannt. (Sri Lanka; Länge des Kristalls 5 cm)

Sibirien; Kristallgröße 3,5 mm

Bestimmungstipp: Seine Härte ist das sicherste Erkennungsmerkmal des Diamanten.

Diamant

C (Kohlenstoff)
Strichfarbe: Weiß
Dichte: 3,5
Kristallform: Kubisch
Aussehen: Die typische Kristallform des Diamanten ist der Oktaeder, seltener treten würfelförmige Kristalle auf. Auch radialstrahlige Aggregate kommen vor. Diamanten können farblos sein, aber auch weiß, gelb, braun, rötlich, grünlich, blau, grau oder sogar schwarz. Ihr Glanz ist unübertroffen. Das Mineral zeigt einen muscheligen Bruch und eine vollkommene Spaltbarkeit.
Vorkommen: Diamanten sind in vulkanischen Gesteinen zu finden, wo sie in der Regel eingewachsen vorliegen. Bei der Verwitterung dieser Gesteine bleiben die harten Diamanten übrig und sammeln sich in Seifen.
Verwendung: Zum überwiegenden Teil werden Diamanten für industrielle Zwecke, zur Herstellung von Schneid-, Schleif- und Bohrwerkzeugen, eingesetzt. Aus schönen Exemplaren wurden und werden wertvolle Schmuckstücke gefertigt.
Besonderes: Trotz ihrer Härte sind Diamanten aufgrund ihrer guten Spaltbarkeit sehr stoßempfindlich. Sie bekommen beim Anschlagen leicht Sprünge oder splittern.

Ähnliche Mineralien: Wenngleich etliche Mineralien dem Aussehen nach für Diamanten gehalten werden können, so unterscheidet doch seine große Härte den Diamanten von allen übrigen Mineralien.

In seltenen Fällen verwachsen Diamanten wie dieses 1 cm große Exemplar aus Südafrika zu so genannten Zwillingen.

Bestimmungstipp:
Granit ist meist ein helles Gestein mit dunklen Sprenkeln, seine körnigen Bestandteile sind richtungslos und ohne erkennbare Hohlräume aneinander gefügt.

Juliergranit; Julier-Massiv (Schweiz); Größe des Stücks 10 cm

Granit

Tiefengestein

Bestandteile: »Feldspat, Quarz und Glimmer, die vergess ich nimmer«, so heißt ein alter Merkspruch zur Zusammensetzung von Granit. Den Hauptanteil haben dabei Feldspat (sowohl Kalifeldspat als auch Plagioklas) und Quarz. In geringerer Menge treten die Glimmer Biotit und Muskovit auf, daneben aber auch Hornblende und Augit. Je nach Art, Menge und Verteilung der Nebengemengteile lassen sich eine große Zahl von Granitvarietäten unterscheiden.

Aussehen: Granit besitzt ein körniges Gefüge – die Bezeichnung Granit geht auf das lateinische Wort *granum,* das Korn, zurück. Weil Feldspat und Quarz stark überwiegen, sieht Granit oft hell aus. Dabei kann er weißlich, grau, rötlich, gelblich oder bräunlich gefärbt sein. Die dunklen Sprenkel und Flecken durch Glimmer und andere Nebengemengteile sind entweder mehr oder weniger gleichmäßig verteilt oder aber nestartig angehäuft. Dadurch tragen sie erheblich zum unterschiedlichen Erscheinungsbild der verschiedenen Granitvarietäten bei.

Vorkommen: Das außerordentlich weit verbreitete Gestein bildet kleinere bis riesengroße Gesteinskörper, Kuppeln, Stöcke und Gänge, die sich teilweise tief unter der Erde befinden.

Verwendung: Granit ist als Bau- und Werkstein überaus verbreitet. Sein hoher Quarzgehalt macht ihn sehr verwitterungsbeständig. Während aus grauen Sorten

Dieser mittelkörnige Granit aus Tittling im Bayerischen Wald enthält als Glimmer vorwiegend Biotit. (Größe des Stücks 14 cm)

Schriftgranit; Püllersreuth (Oberpfalz); Größe der Platte 14 cm

Pegmatite können sehr unterschiedlich gefärbt sein. (Wölsendorf/Ostbayern; Größe des Stücks 18 cm)

hauptsächlich Pflaster- und Randsteine sowie Schotter und Splitt hergestellt werden, verwendet man farbige Granite für Skulpturen und Grabsteine sowie, in geschliffener und polierter Form, als Fußbodenbeläge, Fassadenverkleidungen und für andere gestalterische Zwecke im Bauwesen.
Besonderes: Granit entsteht aus Gesteinsschmelzen, die auf ihrem langsamen Weg allmählich erkalten und erstarren, bevor sie die Erdoberfläche erreichen. Durch Spannungen bei der Abkühlung kommt es zu zahllosen Spalten, Haarrissen und feinsten Trennflächen, an denen später die Verwitterung ansetzen kann. Daher verwittern Granite typischerweise zu einzeln liegenden Blöcken, sackähnlichen Strukturen oder schalenförmigen Gebilden.

Ähnliches Gestein: Im Gefolge von Graniten treten häufig **Pegmatite** auf. Sie setzen sich im Großen und Ganzen aus den gleichen Bestandteilen wie Granit zusammen, sind aber ungleich grobkörniger. Darin eingeschlossen finden sich nicht selten Mineralien wie Beryll, Topas, Turmalin und viele andere. Pegmatite durchziehen gewöhnlich als Gänge die Granitkörper und andere Tiefengesteine.
Eine Varietät des Pegmatits, bei der dunkelgraue, stängelförmige Quarze in hellen Feldern von Kalifeldspat eingebettet liegen, wird **Schriftgranit** oder **Runit** genannt, erinnern die Quarzstrukturen doch oft an Runen oder andere Schriftzeichen.

Bestimmungstipp:
Der ähnliche Pegmatit unterscheidet sich durch besondere Grobkörnigkeit von Granit.

Bestimmungstipp: Anders als beim Granit mit seinem meist nur geringen Gehalt dunkler Gemengteile halten sich beim Gabbro die hellen und dunklen Gemengteile anteilsmäßig ungefähr die Waage.

Prollheli (Wales/Großbritannien); Größe des Stücks 12 cm

Gabbro

Tiefengestein

Bestandteile: In einer Grundmasse aus Plagioklas und Augit finden sich Ilmenit, Magnetit, Hornblende und Olivin als Nebengemengteile. Im Gegensatz zum Granit enthält Gabbro keinen oder allenfalls sehr wenig Quarz.

Aussehen: Das eher grobkörnige Gestein kann mittel- bis dunkelgrau, grün oder schwarzbraun gefärbt sein. Eine besonders dunkle Varietät ist der graugrüne bis schwärzliche Olivin-Gabbro, der sich durch einen höheren Gehalt an Olivin auszeichnet. Auch lagiger Gabbro mit abwechselnd hellen und dunklen Schichten kommt nicht selten vor.

Vorkommen: Gabbro bildet massige bis riesenhafte Gesteinskörper, die zu einem großen Teil tief unter der Erde liegen.

Verwendung: Aufgrund seiner sehr hohen Druckfestigkeit wird Gabbro vorzugsweise als Eisenbahnschotter und Straßenbaumaterial eingesetzt.

Besonderes: Eine seltene, aber recht auffällige Gabbrovarietät ist der **Forellenstein** oder Troktolith, bei dem die helle Plagioklas-Grundmasse gleichmäßig von rundlichen, dunkelgrünen Olivinkörnern durchsetzt ist und so den Eindruck gepunkteter Forellenhaut macht.

Ähnliches Gestein: Der ebenfalls grob- und gleichkörnige Granit enthält im Gegensatz zum Gabbro immer erhebliche Mengen an Quarz und nur sehr selten Augit, nie jedoch Olivin.

Als Forellenstein bezeichnen Steinmetze eine auffallend gepunktete Varietät des Gabbro. (Italien; Größe des Stücks 14 cm)

Norwegen; Größe des Stücks 14 cm

Nephelinsyenit

Tiefengestein

Bestandteile: Die Grundmasse des Gesteins besteht aus Feldspatarten, die Begleitmineralien sind überaus vielfältig, wobei aber Nephelin, ein feldspatähnliches Mineral, stets einen nennenswerten Anteil hat.

Aussehen: Es handelt sich um mittel- bis grobkörniges Gestein, dessen einzelne Kristalle mit dem bloßen Auge gut zu erkennen sind und meist alle ungefähr die gleiche Größe haben. Der Feldspat kann manchmal lang gestreckte, plattenförmige Kristalle bilden. In der Mehrzahl der Fälle ist Nephelinsyenit weißlich bis grau, doch gibt es auch gelblich, bräunlich, rosa oder grünlich gefärbte Varietäten.

Vorkommen: Der nicht sehr weit verbreitete Nephelinsyenit tritt als Stock oder kleinerer Gesteinskörper in anderen Gesteinen auf. Oft wird er gemeinsam mit Granit gefunden.

Verwendung: Steinmetze verarbeiten insbesondere die schön gefärbten Nephelinsyenite zu Denkmälern und Sockeln. Auch als Straßenbaustoff wird das Gestein eingesetzt. Vor allem aber wird es als Rohstoff für die Keramikindustrie genutzt.

Ähnliches Gestein: Ein eher dunkles, mittel- bis grobkörniges Gestein mit grünlicher Tönung, das hauptsächlich aus Olivin besteht, ist **Peridotit**. Ebenso wie Nephelinsyenit erweist er sich oft als eng mit Erzlagerstätten verbunden.

Bestimmungstipp:
Quarz kommt in Nephelinsyenit niemals vor.

Durch vielerlei Umwandlungsprozesse können Struktur und Aussehen von Peridotit (hier aus dem Tessin/Schweiz, 14 cm groß) ziemlich stark variieren.

Dieser Muskovit-Biotit-Gneis stammt aus dem österreichischen Ötztal. (Größe des Stücks 13 cm)

Konglomeratgneis; Norwegen; Größe des Stücks 30 cm

Gneis

Metamorphes Gestein

Bestandteile: Die Hauptgemengteile von Gneis sin Feldspat, Quarz und Glimmer, wobei Feldspat deutlic überwiegt. Als Nebengemengteile kommen noch Horn blende, Granat und etliche andere Mineralien hinzu Insgesamt ist die mineralische Zusammensetzung vo Gneis sehr variabel, schließlich kann er aus den unter schiedlichsten Ausgangsgesteinen entstanden sein: au Granit oder vulkanischen Gesteinen ebenso wie au Sedimentgesteinen, z. B. Sandstein oder Schiefertonen Die jeweiligen Ausgangsgesteine oder aber die charak teristischen Gemengteile liegen auch den wissenschaft lichen Benennungen der verschiedenen Gneisvarietäte zugrunde.

Aussehen: Die vorherrschende Farbe des normalerwei se hellen Gesteins ist grau, doch gibt es auch bräunlich rötlich oder grünlich gefärbte Gneise. Das mittel- bi grobkörnige Gefüge, bei dem die Feldspäte gut erkenn bare Kristalle bilden, weist eine deutliche Schieferun auf, d. h., durch eine gleichmäßige Ausrichtung vo Kristallen wird eine gewisse Parallelstruktur erkenn bar. In erster Linie geht diese Schieferung auf Bioti oder Muskovit zurück, deren Kristallblättchen sich mi ihrer Längsachse senkrecht zur Richtung des größte Drucks ausrichten.

Vorkommen: Der weit verbreitete Gneis tritt in Gegen den auf, in denen Gesteinsmassen durch Absinken de Erdkruste und Überlagerung durch Sedimente in grö

Bestimmungstipp:
Gneis ist an seiner typischen Bänderung erkennbar, die sich durch die streifige Anordnung des hellen Feldspats und des dunklen Glimmers ergibt.

Augengneis; Zillertal (Österreich); Größe des Stücks 16 cm

ßere Tiefen verfrachtet wurden und so unter hohen Druck und hohe Temperatur gerieten. Man findet ihn weltweit in abgetragenen Gebirgen, in Mitteleuropa z. B. in den Zentralalpen, im Bayerischen und Böhmerwald, im Erzgebirge, im Spessart und Odenwald sowie im Schwarzwald.

Verwendung: Gneis wird nicht nur als Bruchschotter und Splitt genutzt, sondern dient auch als Baustein. Parallel zu den Schieferungsflächen lässt er sich gut zu Platten spalten. Als solche setzte man ihn früher als Dachplatten, heute noch als Bodenbelag und Wandverkleidung ein. Gneis mit zusammenhängenden Lagen aus Glimmer ist allerdings frostempfindlich. (Im Handel wird der Name Gneis übrigens kaum verwendet. Die Gesteine werden dort in der Regel fälschlich als Granite bezeichnet.)

Besonderes: Eine besonders auffällige Gneisvarietät ist der **Augengneis**, der sich durch größere, mandelförmige Feldspat-Einsprenglinge auszeichnet.

Der sehr helle, oft fast weiße **Granulit** entsteht aus den gleichen Ausgangsgesteinen wie der gewöhnliche Gneis, nur bei noch höheren Temperaturen. Er besteht hauptsächlich aus hellen Mineralien wie Quarz und Feldspat und vielen rötlichen Granatkristallen.

Ähnliches Gestein: Granite sind zwar aus denselben Grundkomponenten zusammengesetzt wie Gneis und haben ebenso ein körniges Gefüge, sind jedoch niemals geschiefert.

Dieser Biotitgneis aus Dürnstein an der Donau in Österreich weist einen vergleichsweise hohen Anteil an dem Glimmermineral Biotit auf. (Größe des Stücks 12 cm)

Dieser Phyllit aus den Tarntaler Bergen in Österreich zeigt eine gleichmäßig gewellte Schieferung. (Größe des Stücks 13 cm)

Hornblende-Glimmerschiefer; St. Gotthard (Schweiz); 15 cm

Glimmerschiefer

Metamorphes Gestein

Bestandteile: Die Hauptgemengteile von Glimmerschiefer sind Glimmer – vorwiegend Muskovit – und Quarz. In geringeren Anteilen kommen andere Glimmer sowie Feldspat, Hornblende, Chlorit, Granat, Turmalin und andere Mineralien darin vor.

Aussehen: Das Gefüge des grauen, schwarzen oder braunen, manchmal auch leicht grünlichen Gesteins kann fein- bis grobkörnig sein. Stets zeigt es eine deutliche Schieferung, d. h., die einzelnen Bestandteile lassen eine parallele Ausrichtung erkennen. Neben flach geschichteten kommen auch Glimmerschiefer mit wellenförmig aufgefalteter Struktur vor. Gewöhnlich sind die Glimmerteilchen so groß, dass man sie mit bloßem Auge gut erkennen kann. Sie lassen das Gestein mehr oder weniger stark »glimmern«, vor allem frische Bruchflächen glänzen auffällig. Nicht selten enthält Glimmerschiefer Einsprenglinge von Granat, Turmalin, Cyanit, Andalusit oder Staurolith.

Vorkommen: Unter hohem Druck aus tonigen bis sandigen Gesteinen entstanden, ist Glimmerschiefer in sehr vielen Gebieten zu finden.

Verwendung: Bisweilen wird Glimmerschiefer, der gut zu Platten spaltet, als Baustein verwendet.

Ähnliches Gestein: Ein sehr feinschuppiger Schiefer ist der **Phyllit**. Er ist gewöhnlich silbergrau oder grünlich, seine Schieferungsflächen zeigen Seidenglanz.

Bestimmungstipp:
In Glimmerschiefern kann man die einzelnen Glimmerblättchen mit bloßem Auge erkennen, im Phyllit dagegen nicht.

Münchberg (Oberfranken); Größe 20 cm

Bestimmungstipp: Die großen, rundlichen Granate, die in der grünlichen Grundmasse liegen, machen Eklogit unverwechselbar.

Eklogit

Metamorphes Gestein

Bestandteile: Zum überwiegenden Teil besteht das Gestein aus Granat und Omphacit, einem in der chemischen Zusammensetzung augitähnlichen, grünlichen Mineral. In geringerem Maß enthält es außerdem Aktinolith, Cyanit und Hornblende.

Aussehen: Eklogit ist ein mittel- bis grobkörniges, grünes Gestein, das durch eingeschlossene grobkörnige Granate eine rote Sprenkelung aufweist. Nicht selten zeigt es eine mehr oder weniger deutliche Schichtung oder Bänderung.

Vorkommen: Gewöhnlich bildet Eklogit Lagen oder linsenförmige Gesteinskörper meist kleinerer Ausdehnung innerhalb anderer metamorpher Gesteine, insbesondere in Gneisen.

Verwendung: Obwohl Eklogit sehr hart und verwitterungsbeständig ist, wird er doch wegen seiner geringen Verbreitung höchstens örtlich als Bruchschotter sowie als Dekorstein im Baugewerbe genutzt.

Besonderes: Eklogit repräsentiert einen Grad höchster Metamorphose, d.h., er entsteht unter extrem hohen Druck- und Temperaturbedingungen aus Gabbro oder Gesteinen von ähnlicher Zusammensetzung.

Ähnliches Gestein: In manchen Ausbildungen sieht der graugrüne bis grünlich schwarze **Amphibolit** dem Eklogit sehr ähnlich, nur dass oft die Granate fehlen. Er kann aber auch feinkörnig und ohne Schieferung auftreten.

Amphibolit besteht überwiegend aus Hornblende und Aktinolith. Das abgebildete, 14 cm große Stück stammt aus dem Fichtelgebirge.

Rein weißer Marmor wie der Laaser Marmor aus dem Südtiroler Vinschgau ist selten.

Ivrea (Italien); Größe des Stücks 15 cm

Marmor

Metamorphes Gestein

Bestandteile: Marmor ist unter hohem Druck und/oder hohen Temperaturen aus Kalkstein entstanden und besteht wie dieser fast ausschließlich aus Calcit. Spuren von Dolomit, Graphit, Epidot, Hämatit und zahlreichen anderen Mineralien verleihen ihm die unterschiedlichsten Färbungen.

Aussehen: Die gemaserte, gefleckte, geflammte und gestreifte Zeichnung des außerordentlich kompakten Gesteins ist überaus charakteristisch. Anders als beim Kalkstein lassen sich bei echtem kristallinen Marmor die etwa gleich großen Calcitkristalle mit bloßem Auge erkennen.

Vorkommen: Weil sich Marmor bildet, wenn magmatisches Gestein in Kalkstein eindringt, findet man ihn gleichsam als Mantel um Tiefengestein herum. Er tritt vielerorts auf, doch selten in abbauwürdigen Lagern.

Verwendung: Von alters her schätzen Baumeister und Bildhauer den Marmor als sehr dekorativen Werkstein. Vielfach werden Tischplatten, Wandverkleidungen, Konsolen und andere innenarchitektonischen Elemente daraus gefertigt.

Ähnliches Gestein: Bei vielen in der Bauwirtschaft als Marmor bezeichneten Dekorsteinen handelt es sich in Wirklichkeit um harten, polierfähigen Kalkstein. Im Gegensatz zu Marmor ist Kalkstein an Kanten aber nicht durchscheinend.

Bestimmungstipp:
Marmor schäumt auf, wenn man ihn mit verdünnter Salzsäure beträufelt.

Oberbirnbach (Bayern); Größe des Stücks 12 cm

Bestimmungstipp: Quarzit bricht splittrig oder aber auch muschelig, und die Bruchflächen gehen durch die Quarzkörner hindurch.

Quarzit

Metamorphes Gestein/Sedimentgestein

Bestandteile: Mit mindestens 80 Prozent macht Quarz den Hauptbestandteil dieses Gesteins aus. Als Nebengemengteile können im Grunde sämtliche gesteinsbildenden Mineralien auftreten, besonders oft sind es Glimmer und Feldspat.

Aussehen: Das weiße, je nach Nebenmineralien auch gelbliche, grünliche oder graue Gestein ist gewöhnlich feinkörnig und meist deutlich geschichtet. Bei einem höheren Glimmeranteil lässt es eine gewisse Schieferung erkennen.

Vorkommen: Metamorph entstandener Quarzit tritt in sehr vielen Schichtfolgen metamorpher Gesteine auf, zumeist als dicke Bänke. Daneben kann Quarzit auch sedimentär entstehen, und zwar in sandigen Schichten im Bereich des Grundwassers. Sandkörner werden dabei durch Kieselsäure, die aus dem Wasser ausfällt, zusammengekittet.

Verwendung: Weil Quarzit überaus hart und verwitterungsbeständig ist, wird er gern als Schotter verwendet. Glimmerreiche und daher gut spaltbare Sorten dienen im Baugewerbe als Bodenbeläge, Wandverkleidungen und Dekorsteine. Reine Quarzite stellen einen Rohstoff für die Glaserzeugung dar.

Ähnliches Gestein: Sehr helle Gneise können ähnlich aussehen, enthalten aber immer deutliche Anteile von Feldspat als Hauptgemengteil.

Quarzit mit gut sichtbarer Kreuzschichtung lässt erkennen, dass er ursprünglich Teil einer Sanddüne war. (Schottland; Höhe des Stücks 20 cm)

Bestimmungstipp: Ein wesentliches Erkennungsmerkmal von Kalkstein ist seine geringe Härte: Man kann ihn mit dem Messer ritzen. Außerdem braust er, wenn man ihn mit verdünnter Salzsäure beträufelt.

Schwäbischer Jura; Größe des Stücks 20 cm

Kalkstein

Sedimentgestein

Bestandteile: Kalkstein besteht im Wesentlichen aus nur einer einzigen Mineralart, nämlich Calcit. Dessen Anteil kann bis zu 95 Prozent betragen. Als Nebengemengteile treten Limonit, Dolomit, Quarz oder organische Substanzen auf.

Aussehen: In Struktur und Färbung zeigt sich Kalkstein ungemein variabel. Er kann weiß, gelblich, bräunlich, grau oder schwarz, einfarbig oder gesprenkelt, gefleckt oder gemasert, fein- oder grobkörnig sein. Fast immer ist er geschichtet.

Kalkstein enthält oft viele Fossilien, ja er kann beinahe vollständig aus Fossilresten, etwa Muschelschalen, aufgebaut sein. Kalkstein, der zu mindestens 50 Prozent aus Fossilien besteht, wird als **Fossilkalk** bezeichnet.

Sehr kompakter, feinkörniger Kalkstein, von dem sich leicht Platten abheben lassen, wird **Plattenkalk** genannt. Berühmt geworden ist der Solnhofener Plattenkalk (fälschlich oft Schiefer genannt) aus dem bayerischen Altmühltal, zum einen durch seinen Reichtum an hervorragend erhaltenen Fossilien, zum anderen weil er Druckplatten für die Lithographie liefert.

Ein sehr heller, meist sogar schneeweißer Kalkstein ist der **Kreidekalk**, wie er z. B. auf Rügen und bei Dover in Großbritannien spektakulär in Erscheinung tritt. Entstanden aus kleinsten Hartteilchen von marinen Mikroorganismen, ist er fein porös und nur wenig verfestigt. Früher wurde er als Schreibkreide benutzt.

Fast immer ist Kalkstein deutlich geschichtet. (Marienstein/Bayern; Größe des Stücks 20 cm)

Fossilkalk mit Ammoniten; Südtirol; Größe des Stücks 12 cm

Vorkommen: Kalksteine sind ungemein weit verbreitet. Sie bauen ganze Gebirgszüge auf, so z. B. die Kalkalpen oder den Schwäbischen und Fränkischen Jura. Mit ihren schroffen Wänden und zackigen Graten zeigen Kalksteingebirge typische Verwitterungsformen.
Verwendung: Schön gefärbte und gezeichnete Kalksteinvarietäten finden im Bauwesen als Dekorsteine Verwendung. (Im Handel werden sie meist fälschlich als »Marmor« geführt.) Außerdem wird Kalkstein unter anderem zu Dünger verarbeitet, bei der Verhüttung von Eisenerzen als Zuschlag eingesetzt, für die Glas- und Farbenherstellung sowie für die Zementproduktion herangezogen. Seit alten Zeiten stellt Kalkstein auch einen begehrten Baustein dar, der sich leicht bearbeiten lässt. In den Städten wird der Kalkstein von Rauchgasen stark angegriffen, saurer Regen löst ihn auf oder lässt ihn zerbröckeln.
Besonderes: Kalkstein entsteht ausschließlich im Meer, wobei die kalkige Substanz hauptsächlich von Organismen stammt. Diese bauen den im Wasser gelösten Kalk in ihre Stützgerüste ein. Nach dem Absterben der Organismen sammeln sich die Skelettreste als Ganzes oder als Kalkschlamm am Meeresboden .

Ähnliches Gestein: Marmor kann Kalkstein ähneln, lässt aber immer die Spaltflächen der einzelnen Calcitkristalle erkennen. Auch Dolomit ist optisch oft von Kalkstein nicht zu unterscheiden, braust im Gegensatz zu diesem jedoch mit verdünnter Salzsäure nicht auf.

Kreidekalk, wie er z. B. auf Rügen vorkommt, ist oft schneeweiß, kann aber auch gelblich oder hellgrau gefärbt sein. (Größe des Stücks 13 cm)

Döggingen; Größe des Stücks 16 cm

Bestimmungstipp: Gipsgestein unterscheidet sich von allen anderen Sedimentgesteinen durch seine deutlich geringere Härte.

Gipsgestein

Sedimentgestein

Bestandteile: Wie der Name vermuten lässt, besteht Gipsgestein zum größten Teil aus dem Mineral Gips. Als Nebengemengteile treten meist Anhydrit, Halit oder Calcit auf.

Aussehen: Das weiße, durch Fremdsubstanzen aber auch oft gelblich, bräunlich, rötlich, grünlich oder grau gefärbte Gestein ist fein- bis grobkörnig und manchmal geschichtet.

Vorkommen: Gipsgestein entsteht bei der Eindampfung von Meerwasser. Es findet sich in sedimentären Schichtenfolgen, häufig in Verbindung mit Salzlagerstätten. Nicht selten ist es mit Kalk oder Dolomit vermengt.

Verwendung: Um den im Bauwesen als Kitt- und Bindemittel, für Estriche und Stuckarbeiten verwendeten Gips herzustellen, wird zermahlenem Gipsgestein durch Erhitzen Kristallwasser entzogen. Bei späterer Wasserzugabe nimmt das Mineral es wieder auf, und der Gips wird fest. Daneben wird Gips in der Papierindustrie sowie zur Herstellung von Schreibkreide gebraucht.

Ähnliches Gestein: Ein gleichfalls sehr helles, weißes, gelbliches oder bräunliches, dichtes Gestein, das sich in sedimentären Schichtenfolgen findet, ist der **Dolomit**. Er besteht größtenteils aus dem gleichnamigen Mineral und entsteht hauptsächlich aus Kalksteinen, in denen gelöstes Magnesium chemische Veränderungen herbeiführt.

Dolomit lässt sich von Kalkstein praktisch nur durch die Salzsäureprobe sicher unterscheiden: Kalkstein braust, Dolomit nicht. (Eschenlohe/Bayern; Größe 14 cm)

Helgoland; Größe des Stücks 14 cm

Bestimmungstipp: Sandsteine sind meistens deutlich geschichtet.

Sandstein

Sedimentgestein

Bestandteile: Sandstein zeichnet sich dadurch aus, dass Quarzkörnchen (Sand) durch ein Bindemittel miteinander verkittet sind. Handelt es sich bei dem Bindemittel um Calcit, so spricht man von **Kalksandstein**, der häufigsten Art von Sandstein. Sind außer Sand noch größere Gesteinsbruchstücke eingebacken, heißt das Gestein **Grauwacke**. Enthält der Sandstein zusätzlich zu den Quarzkörnern noch Feldspat-Bruchstücke, wird er **Arkose** genannt.

Aussehen: Das fein- bis mittelkörnige Gestein kann weiß, grau, rot oder braun in verschiedenen Tönungen sein und weist eine mehr oder weniger deutliche Schichtung auf.

Vorkommen: Sandstein ist überaus weit verbreitet und kann in allen geologischen Schichtfolgen auftreten. Es gibt Sandsteine jeglichen Alters. Eine Schichtfolge des Erdmittelalters wurde wegen des Auftretens bunt gefärbter Sandsteine **Buntsandstein** genannt.

Verwendung: Von jeher sind Sandsteine als Baumaterial beliebt. Mittelalterliche Burgen und gotische Dome bestehen daraus. Steinmetze und Bildhauer schätzen die Sorten mit kalkigem Bindemittel seit alters als leicht zu behauendes Material.

Besonderes: Kalksandstein wird von den städtischen und industriellen Rauchgasen stark angegriffen und zersetzt, wodurch heute viele historische Baudenkmäler gefährdet sind.

Dieser grobkörnige helle Sandstein stammt aus Weißenburg/Bayern. (Größe des Stücks 12 cm)

Dazit, hier ein 14 cm großes Stück aus Rumänien, kommt nicht selten zusammen mit Rhyolith vor.

Quarzporphyr; Kastelruth (Südtirol); Größe des Stücks 12 cm

Rhyolith

Vulkanisches Gestein

Bestandteile: Zum größten Teil besteht Rhyolith aus Quarz und Kalifeldspat, daneben enthält er auch Plagioklas und Biotit.

Aussehen: Die Grundmasse dieses hellgrauen, mancherorts auch rötlich oder gelblich gefärbten Gesteins ist überaus feinkristallin. Sie schließt Einsprenglinge aus Quarz und Kalifeldspat sowie unzählige winzige Blasenhohlräume ein. Oft lässt das aus einer sehr zähflüssigen Lava entstandene Gestein deutliche Fließstrukturen erkennen.

Vorkommen: Rhyolith tritt in vulkanischen Kegeln und Schloten auf und bildet Stöcke und Gänge. Ein bedeutender Fundort sind z. B. die Liparischen Inseln (Italien), in Deutschland gibt es Vorkommen im Schwarzwald und in Sachsen.

Verwendung: Das überaus harte Gestein findet regional Verwendung für Pflastersteine sowie als Straßenschotter oder Splitt.

Besonderes: Geologisch alter Rhyolith wurde früher auch oft als Quarzporphyr bezeichnet (siehe großes Bild). Er zeigt gewöhnlich rote und braune, teils auch grünliche Farben.

Bestimmungstipp: Einsprenglinge aus Quarz sind ein typisches Kennzeichen für Rhyolith.

Ähnliches Gestein: Der hell- bis mittelgraue **Dazit**, der oft mit Rhyolith vergesellschaftet vorkommt, enthält größere Anteile an Plagioklas als der Rhyolith, als Einsprenglinge treten zusätzlich Hornblendestückchen auf

Kaiserstuhl; Größe des Stücks 18 cm

Der ähnliche Phonolith, hier ein 14 cm großes Stück aus der Eifel, tritt in verschiedenen Farbtönungen auf.

Tephrit

Vulkanisches Gestein

Bestandteile: Die hauptsächlichen Bestandteile des Tephrits sind Plagioklas (niemals jedoch Kalifeldspat) sowie Augit und mit ihm chemisch verwandte Silikate. In kleineren Anteilen enthält das Gestein Nephelin, Leucit, Biotit, Hornblende oder Olivin.

Aussehen: Das graue bis schwarze Gestein ist oft ziemlich porös. Neben kleinen Blasenhohlräumen liegen in seiner feinkörnigen Grundmasse auch zahlreiche, meist helle Einsprenglinge. Gelegentlich zerteilen sich große Gesteinsblöcke platten- oder säulenartig.

Vorkommen: Tephrit tritt in vulkanischen Ergüssen und Gängen auf. In Deutschland trifft man das Gestein beispielsweise am Kaiserstuhl (Baden) sowie in der bayerischen Rhön und der Eifel an.

Besonderes: Ein spezieller, besonders fester leucit- und nephelinhaltiger Tephrit wird bevorzugt zu Mahlsteinen für Mühlen verarbeitet. Weil er von zahllosen Poren durchsetzt ist, bleibt er trotz des Abriebs stets rau und griffig. In Steinbrüchen in der Eifel geht der Abbau dieser »Mühlsteinlava« bis in die Steinzeit zurück.

Ähnliches Gestein: Der gleichfalls feinkörnige, mit zahlreichen Einsprenglingen versehene **Phonolith** kann nicht nur grau, sondern auch braun oder grünlich sein. Im Unterschied zu Tephrit enthält er keinen Leucit, wohl aber Kalifeldspat. Typisch für Phonolith ist das muschelige Aussehen seiner Bruchflächen.

Bestimmungstipp:
Phonolith gibt beim Anschlagen einen hellen Ton, weshalb er auch manchmal Klingstein genannt wird.

Bestimmungstipp: Typisch für Basalt sind große schwarze, im Querschnitt sechseckige Gesteinssäulen, die wie Orgelpfeifen nebeneinander stehen.

Sonnenbrenner-Basalt; Siebengebirge; Größe 14 cm

Basalt

Vulkanisches Gestein

Bestandteile: Basalt besteht hauptsächlich aus Plagioklas, Magnetit und Augit, zu geringeren Teilen aus Olivin, Hornblende und Biotit.

Aussehen: Das zumeist einheitlich schwarze, schwarzbraune oder dunkelgraue Gestein ist sehr feinkörnig und dicht. Gewöhnlich enthält es nur sehr wenige Einsprenglinge. Erdgeschichtlich alter Basalt kann durch Umwandlung darin enthaltener Mineralien in Chlorit einen Grünton annehmen und wird dann **Diabas** genannt. Eine andere Basaltvarietät enthält viele Einsprenglinge, die sie verwitterungsanfällig machen und ihr den Namen **Sonnenbrenner-Basalt** eintrugen. Charakteristisch für Basalt sind säulenförmige Absonderungen, die oft einen sechseckigen Querschnitt aufweisen.

Vorkommen: Von allen vulkanischen Gesteinen ist Basalt am weitesten verbreitet. Er bildet ausgedehnte, teilweise über 1000 m dicke Decken. Auch der Ozeanboden ist zu einem guten Teil basaltisch.

Verwendung: Basalt wird vielfach zu Straßen- und Eisenbahnschotter verarbeitet, Diabas auch als dekorativer Architekturstein eingesetzt.

Ähnliches Gestein: Erkaltet ausgeflossene Lava an der Luft oder im Wasser zu rasch, um auskristallisieren zu können, entsteht ein amorphes Gesteinsglas, der **Obsidian**. Er ist meist sehr dunkel und zeichnet sich durch einen muscheligen Bruch aus.

Manchmal enthält Obsidian Einschlüsse von kristallisierten Mineralien wie dieses Stück aus der Türkei. (Größe 10 cm)

Brockenlava; Island; Größe des Stücks 25 cm

Lava

Vulkanisches Gestein

Bestandteile: Als Lava wird Gesteinsschmelze bezeichnet, die infolge vulkanischer Aktivität an der Erdoberfläche ausfließt. Genauso nennt man auch die Gesteine, die entstehen, wenn die Schmelze im Kontakt mit Luft oder Wasser abkühlt und erstarrt. Lava entsteht aus Magma, dem glutflüssigen, silikatreichen Gesteinsmaterial aus dem Erdinnern.

Aussehen: Lava kann viele Gesichter haben: Schaumlava etwa enthält zahllose rundliche Poren, die dadurch entstanden sind, dass bei der Erstarrung der Schmelze die darin enthaltenen Gase ausgetreten sind. Zackenlava zeichnet sich durch eine sehr raue, scharfzackige Oberfläche aus, Stricklava besteht aus lang gezogenen, seilähnlichen Gebilden, Brockenlava aus losen, scharfkantigen Brocken. Häufig ist Lava dunkel graubraun bis schwarz gefärbt, doch kommt sie auch in den verschiedensten anderen Färbungen vor.

Vorkommen: Als geologisch junges Gestein findet sich Lava nur im Umfeld aktiver oder noch nicht lange erloschener Vulkane, wo sie meist als flache Decke Ebenen und Hänge überzieht.

Ähnliches Gestein: Wenn gasreiche Lava sehr schnell abkühlt und erstarrt, entsteht eine wie ein Schwamm von Poren durchsetzte Masse, **Bimsstein** genannt, die in Wasser aufschwimmt, weil die Poren mit Gas gefüllt sind und den Stein daher besonders leicht machen.

Bimsstein ist meistens hellgrau bis gelblich gefärbt, seltener rötlich oder dunkel. (Furnas/Azoren; Größe des Stücks 16 cm)

Osterfeld (Thüringer Wald); Größe des Stücks 18 cm

Bestimmungstipp: Steinkohle ist ebenso wie die anderen Kohlearten brennbar. Während Braunkohle einen braunen Strich ergibt, hat Steinkohle einen schwarzen.

Steinkohle

Gestein organischen Ursprungs

Bestandteile: Steinkohle entstand aus pflanzlicher Substanz durch starke Inkohlung, d. h. durch die allmähliche Anreicherung von Kohlenstoff in organischem Material unter Luftabschluss und hohem Druck. Der Kohlenstoffgehalt von Steinkohle liegt bei 80–95 Prozent.

Aussehen: Das schwarze Gestein hat in der Regel ein gleichmäßig dichtes Gefüge und zeigt einen fett- bis pechähnlichen Glanz. Beim genauen Hinsehen lassen sich abwechselnd matte und glänzende Schichten erkennen.

Vorkommen: Steinkohle tritt als mehr oder weniger mächtige Lagen (Flöze) in sedimentären Schichtfolgen auf, häufig abwechselnd mit Kalksteinen.

Verwendung: Nicht nur als Brennstoff hat Steinkohle enorme Bedeutung, sie dient auch in der chemischen Industrie als Rohstoff für unzählige Kohlenstoffverbindungen (Kunststoffe).

Besonderes: Der Prozess der Inkohlung beginnt mit der Bildung von Torf, aus dem im Verlauf von Jahrmillionen über Braun- und Steinkohle schließlich Anthrazit und letztendlich Graphit entsteht.

Ähnliches Gestein: **Braunkohle** liegt in ihrem Kohlenstoffgehalt zwischen Torf und Steinkohle. Sie ist dunkelbraun gefärbt, hat eine eher krümelige Struktur und enthält oft zwar dicht verbackene, aber noch gut erkennbare Pflanzenteile.

An diesem 20 cm großen Braunkohlestück aus Wackersdorf (Oberpfalz) sind noch Holzstrukturen zu erkennen.

Steinmeteorit; Burkina Faso; Größe 8 cm

Bestimmungstipp: Mit einer Dichte von etwa 8 g/cm³ wiegen Eisenmeteorite in der Hand ungewöhnlich schwer.

Meteorite

Außerirdische Steine

Bestandteile: Steine, die aus dem Weltraum auf die Erde fallen, lassen sich in zwei Gruppen einteilen: **Eisenmeteorite** bestehen aus kristallinen Legierungen von Eisen mit Nickel. **Steinmeteorite** hingegen entsprechen in ihrer mineralischen Zusammensetzung meist ungefähr Gabbro oder Peridotit mit einem geringen Anteil Nickeleisen.

Aussehen: Die weitaus meisten Meteorite sind gerundete, einige Millimeter bis Zentimeter große Brocken, äußerst selten treten auch metergroße und tonnenschwere Exemplare auf. In der Färbung variieren sie von Hell- bis Dunkelgrau und Graubraun bis Schwarz.

Vorkommen: Einzeln über die Erde verstreut.

Besonderes: Beim Eintritt in die Erdatmosphäre verursachen die aufglühenden Meteorite Leuchterscheinungen, die als Sternschnuppen bekannt sind. Die weitaus meisten Meteorite verglühen auf ihrem Weg durch die Luftschichten vollständig.

Ähnliches Gestein: Die dunkelgrünen bis schwarzen **Tektite** zeichnen sich durch eine mehr oder weniger genarbte Oberfläche aus. Anders als Meteorite stellen sie kein außerirdisches Material dar, wenngleich sie bei Meteoriteneinschlägen entstehen. Es handelt sich vielmehr um irdisches Gestein, das durch die Wucht des Einschlags aufgeschmolzen und weggeschleudert wurde, bevor es glasartig erstarrte.

Dieser Tektit, ein 3 cm großer Moldavit aus Böhmen, verdankt seine Existenz dem Meteoriteneinschlag in Süddeutschland, bei dem das Nördlinger Ries ausgesprengt wurde.

Register

Bildnachweis

Titelbild: Amethyst; **Seite 1:** Chrysokoll; **Seite 2/3:** Rhodochrosit; **Seite 4:** Wulfenit (oben), Vivianit (unten); **Seite 5:** Adamin; **Seite 6/7:** Bournonit; **Seite 24/25:** Andradit.

Lammerer: Seite 23 oben, unten; **Sperling:** Seite 22 oben.

Alle übrigen Fotos stammen aus dem Archiv Lapis (Fotografen: Hochleitner und Weiß).

Dieses Buch entstand in Zusammenarbeit zwischen dem ADAC Verlag, München, und dem Gräfe und Unzer Verlag, München.

Text: Dr. Helga Hofmann
Fachberatung: Dr. Rupert Hochleitner

Projektleitung: Dr. Michael Eppinger, Mariele Radmacher-Martens
Zeichnungen: Johann Brandstetter
Bildbeschaffung: Petra Wichlinski
Layout- und Titelgestaltung: BuchHaus Robert Gigler GmbH
Herstellung: Ute Hausleiter
Satz: Filmsatz Schröter, München
Repro: Penta Repro, München
Druck und Bindung: Druckerei Parzeller, Fulda

Vertrieb im Buchhandel:
Gräfe und Unzer Verlag, München
ISBN 3-7742-1789-0

Die sieben Kristallsysteme

Galenit

Kubisch

Alle 3 Achsen des Achsenkreuzes sind gleich lang und schneiden sich im rechten Winkel.

Ein Kristall ist kubisch, wenn er mindestens 2 dreizählige Drehachsen aufweist.

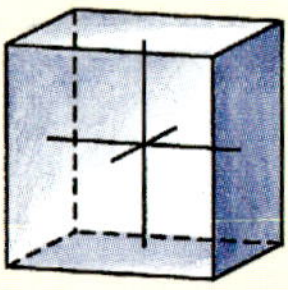

Scheelit

Tetragonal

2 Achsen des Achsenkreuzes sind gleich lang, die dritte ist länger oder kürzer. Alle schneiden sich im rechten Winkel.

Ein Kristall ist tetragonal, wenn er eine einzige vierzählige Drehachse aufweist.

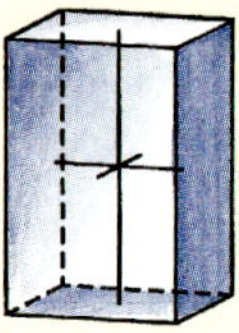

Beryll

Hexagonal

3 gleich lange Achsen des Achsenkreuzes liegen in einer Ebene und schneiden sich unter 120 Grad. Die vierte Achse ist länger oder kürzer und steht senkrecht auf dieser Ebene.

Ein Kristall ist hexagonal, wenn er eine sechszählige Drehachse aufweist.

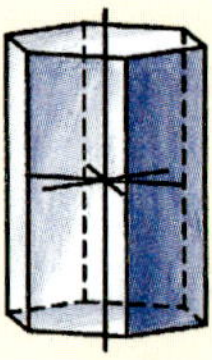